기계정비 산업기사 실기

기계정비시험연구회 편저

일진사

머리말

농경지와 지하자원이 부족한 우리나라는 부족한 천연자원을 대체할 수 있는 기술력을 갖추어야 살아갈 수 있기 때문에 2차 산업과 3차 산업을 국가 발전의 원동력으로 삼게 되었다. 1960년부터 중화학공업을 국가 성장 동력의 주력으로 경제개발 계획을 하였던 우리나라의 산업 생산 방식은 손으로 제품을 생산하던 가내 수공업에서 기계화로, 기계화에서 자동화로, 소량에서 대량으로, 소품종에서 다품종으로 변화하였다.

국제사회에서 우리나라가 선도 국가로 나아가기 위해 제철, 자동차 발전 등이 대규모화 하게 되었다. 이에 산업 현장에서 사용하는 기계의 종류, 크기, 기능들이 다양해지면서 헤아릴 수 없을 정도의 많은 산업 기계가 개발, 제작, 사용되고 있다. 이러한 산업 기계가 원활하게 운전되도록 하며, 사후 정비, 예방 정비, 개량 정비, 정비 예방, TPM 등을 도입하여, 고장에 의한 손실 없이 운전 · 유지되는 것이 필연적이기 때문에 정부에서는 1976년도부터 「기계정비산업기사」 자격검정을 시행하고 있다. 그러나 이론적인 필기시험에 대비한 국내 도서들은 많이 개발되어 왔으나 실기시험에 대비한 교재는 전무한 실정이다.

이 책은 KS 및 ISO 규정을 준수하고, 한국산업인력공단 실기시험 출제기준에 따라 그동안 출제되었던 실기 문제를 작업순서별로 작업방법, 공기구 사용방법, 실격 배제방법, 득점방법 등에 대하여 자세하게 다루었으며, 기계정비산업기사 1차 필기시험 합격자들에게 스스로 학습하고 다른 사람의 도움이 없어도 자신 있게 검정에 응할 수 있도록 구성 · 편찬하였다.

끝으로 이 책을 통하여 산업 사회의 유능한 기술인으로서의 소질을 기르고, 이 분야에 대한 지식과 기술의 발전에 이바지하기를 바라며, 이 책을 완성하기까지 큰 도움을 주신 김영상 과장, 배민근 과장 그리고 **일진사** 직원 여러분께 감사드린다.

저자 씀

출제기준(실기)

직무 분야	기 계	중직무 분야	기계장비설비 · 설치	자격 종목	기계정비산업기사

○ 직무내용 : 설비의 장치 및 기계를 효율적으로 관리하기 위해 예측, 예방 및 사후 정비 등을 통하여 정비작업 등의 직무를 수행

○ 수행준거 :
1. 기계의 전기회로 시스템을 이해하고 측정장치 등을 사용하여 관련 전기장치의 고장을 진단할 수 있다.
2. 소음 및 진동 측정 장비 등을 사용하여 기계를 진단할 수 있다.
3. 유 · 공압 및 전기 시스템을 이해하고 회로를 구성하여 동작시험을 할 수 있다.
4. 기계요소를 이해하고 기계정비용 장비 및 공구를 사용하여 부품 교체 작업을 할 수 있다.

실기검정 방법	작업형	시험시간	6시간 정도

실기과목명	주요항목	세부항목	세세항목
기계정비작업	1. 전기전자 장치 조립	1. 전기전자 회로도 파악하기	1. 전기전자 배선을 파악하기 위하여 회로도의 기호를 해독할 수 있다. 2. 전기전자 회로도에 따라 정확한 전기전자 부품의 규격을 파악할 수 있다. 3. 전기전자 회로도를 통하여 전기전자 기계의 동작 상태와 고장 원인을 확인할 수 있다.
		2. 전기전자 장치 선택하기	1. 작업표준서에 따라 정확한 전기전자 장치 부품을 지정된 위치를 파악하고 조립할 수 있다. 2. 전기전자 장치를 조립하기 위하여 규격에 적합한 조립 공구와 장비를 사용할 수 있다. 3. 전기전자 장치 조립 작업의 안전을 위하여 전기전자 장치 조립 시 안전 사항을 준수할 수 있다.

실기과목명	주요항목	세부항목	세세항목
		3. 전기전자 장치 기능 확인하기	1. 전기전자 장치의 기능을 확인하기 위하여 조립된 전기전자 장치를 측정하고 조립도와 비교할 수 있다. 2. 조립된 전기전자 장치를 구동하기 위하여 간섭과 동작 상태를 확인하고, 이상 발생 시 수정하여 조립할 수 있다. 3. 전기전자 장치의 기능을 확인하기 위하여 측정한 데이터를 기록하고 관리할 수 있다.
	2. 진동 측정	1. 진동 측정 장비 선정하기	1. 진동 측정 계획에 따라 측정 대상과 측정 목적을 확인할 수 있다. 2. 진동 측정 계획에 따라 진동 측정 대상이나 측정 방법을 검토할 수 있다. 3. 진동 측정 계획에 따라 측정 장비를 선정할 수 있다. 4. 진동 측정 계획에 따라 진동 발생원을 선정할 수 있다.
		2. 진동 장비 운용하기	1. 진동 측정 대상과 측정 방법에 따라 진동을 측정할 수 있다. 2. 진동 측정 계획에 따라 대상 진동 및 배경 진동을 측정할 수 있는 환경 조건을 확인할 수 있다. 3. 진동 관련 법규 및 기준에 따라 대상 진동을 측정할 수 있다.
		3. 진동 측정 자료 기록하기	1. 소음진동공정시험 기준이나 KS 등 시험규격에 따라 진동 측정 대상과 측정 목적에 맞는 기록지 양식을 작성할 수 있다. 2. 소음진동공정시험 기준이나 KS 등 시험규격에 따라 진동 측정 시 측정 지점의 온도, 습도 등 주변 환경과 측정 일시를 기록할 수 있다.
	3. 소음 측정	1. 소음 측정 장비 선정하기	1. 소음 측정 계획에 따라 측정 대상과 측정 목적을 확인할 수 있다. 2. 소음 측정 계획에 따라 소음 측정 대상이나 측정 방법을 검토할 수 있다. 3. 소음 측정 계획에 따라 측정 장비를 선정할 수 있다. 4. 소음 측정 계획에 따라 소음 발생원 장비를 선정할 수 있다.

실기과목명	주요항목	세부항목	세세항목
		2. 소음 측정 장비 운용하기	1. 소음 측정 대상과 측정 방법에 따라 소음을 측정할 수 있다. 2. 소음 측정 계획에 따라 대상 소음 및 배경 소음을 측정할 수 있는 환경 조건을 확인할 수 있다. 3. 소음 관련 법규 및 기준에 따라 대상 소음을 측정할 수 있다.
		3. 소음 측정 자료 기록하기	1. 소음진동공정시험 기준이나 KS 등 시험규격에 따라 소음 측정 대상과 측정 목적에 맞는 기록지 양식을 작성할 수 있다. 2. 소음진동공정시험 기준이나 KS 등 시험규격에 따라 소음 측정 시 측정 지점의 온도, 습도 등 주변 환경과 측정 일시를 기록할 수 있다.
	4. 유공압 시스템 설계	1. 요구사양 파악하기	1. 고객의 요구사항을 파악하여 문서로 작성할 수 있다. 2. 파악된 요구사항의 충족 가능성을 확인할 수 있다. 3. 유공압 요소의 구성 관계를 확인하고 문서로 정리할 수 있다.
		2. 유공압 시스템 구상하기	1. 유공압 장치의 작동원리를 이해하고 유공압 시스템을 구상할 수 있다. 2. 유공압 장치의 작동 이상 유무를 파악하고 안전성을 고려하여 시스템을 구상할 수 있다. 3. 유공압 장치의 이상 유무의 진단이 용이하도록 시스템을 구상할 수 있다. 4. 시뮬레이션을 통하여 시스템에 대한 오류를 확인하고 수정할 수 있다.
		3. 유공압 시스템 설계하기	1. 고객의 요구사항 반영 내용을 확인하고 유공압 시스템을 설계할 수 있다. 2. 유공압 장치의 작동원리를 이해하고 유공압 시스템을 설계할 수 있다. 3. 유공압 장치의 작동 이상 유무를 파악하고 안전성을 고려하여 시스템을 설계할 수 있다. 4. 유공압 장치의 이상 유무의 진단이 용이하도록 시스템을 설계할 수 있다. 5. 시뮬레이션을 통하여 설계 시스템에 대한 오류를 확인하고 검증할 수 있다.

실기과목명	주요항목	세부항목	세세항목
	5. 공기압 제어	1. 공기압 제어 방식 설계하기	1. 공기압 요소의 종류에 따라 제어 및 구동에 필요한 사양을 선정할 수 있다. 2. 시스템에서 요구되는 제어의 목적과 용도에 따라 제어 방법을 설계할 수 있다. 3. 선정된 결과물을 정리하여 제공할 수 있다.
		2. 공기압 제어 회로 구성하기	1. 부품의 종류에 따른 배선방법 및 구성 기기간의 관계를 파악하고 회로도를 작성할 수 있다. 2. 부품의 특성에 따른 설치방법을 파악하고 요구되는 조건 및 성능을 충족하여 작동할 수 있도록 설치할 수 있다. 3. 회로도에 근거하여 전기 배선 및 배관을 할 수 있다.
		3. 시험 운전하기	1. 회로도를 이용하여 동작을 시킬 수 있다. 2. 공기압 기기의 출력 조정, 속도 조정 등의 조작을 부하의 운동 특성에 맞게 조정할 수 있다. 3. 시운전을 통한 공기압 기기의 이상 유무를 파악할 수 있다.
	6. 유압 제어	1. 유압 제어 방식 설계하기	1. 유압 요소의 종류에 따라 제어 및 구동에 필요한 사양을 선정할 수 있다. 2. 시스템에서 요구되는 제어의 목적과 용도에 따라 제어 방법을 설계할 수 있다. 3. 선정된 결과물을 정리하여 제공할 수 있다.
		2. 유압 제어 회로 구성하기	1. 부품의 종류에 따른 배선방법 및 구성 기기간의 관계를 파악하고 회로도를 작성할 수 있다. 2. 부품의 특성에 따른 설치방법을 파악하고 요구되는 조건 및 성능을 충족하여 작동할 수 있도록 설치할 수 있다. 3. 회로도에 근거하여 전기 배선 및 배관을 할 수 있다.
		3. 시험 운전하기	1. 회로도를 이용하여 동작을 시킬 수 있다. 2. 유압 기기의 출력 조정, 속도 조정 등의 조작을 부하의 운동 특성에 맞게 조정할 수 있다. 3. 시운전을 통한 유압 기기의 이상 유무를 파악할 수 있다.

실기과목명	주요항목	세부항목	세세항목
	7. 조립 도면 작성	1. 부품 규격 확인하기	1. 기계 도면에 따라 기계 전용 부품이 규격에 적합한지 여부를 확인할 수 있다. 2. 기계 도면에 따라 기계 요소 부품이 규격에 적합한지 여부를 확인할 수 있다. 3. 기계 도면에 따라 기계 설계자와 부품 규격에 대한 특정 요구 항목을 협의할 수 있다.
		2. 도면 작성하기	1. 정확한 치수로 작성하기 위하여 좌표계를 설정할 수 있다. 2. 산업표준을 준수하여 여러 가지 도면 요소들을 작성 및 수정할 수 있다. 3. 자주 사용되는 도면 요소를 블록화 하여 사용할 수 있다. 4. 제도 도구를 이용하여 부품 및 조립도를 스케치할 수 있다. 5. 요구되는 형상과 비교 · 검토하여 오류를 확인하고, 발견되는 오류를 즉시 수정할 수 있다.
	8. 조립 안전관리	1. 안전기준 확인하기	1. 작업장에서 안전 사고를 예방하기 위해 안전기준을 확인 할 수 있다. 2. 정기 또는 수시로 안전기준을 확인하여 보완할 수 있다.
		2. 안전수칙 준수하기	1. 안전기준에 따라 안전보호장구를 착용할 수 있다. 2. 안전기준에 따라 작업을 수행할 수 있다. 3. 안전기준에 따라 준수사항을 적용할 수 있다. 4. 안전사고를 방지하기 위한 예방활동을 할 수 있다.
	9. 동력전달 장치 정비	1. 감속기 정비하기	1. 기어를 점검할 수 있다. 2. 커플링을 점검할 수 있다. 3. 역전 장치를 점검할 수 있다. 4. 기준과 비교하여 마모 한계 도달 및 이상 부품을 판정할 수 있다. 5. 비파괴검사 방법을 결정하고 결과를 판정할 수 있다. 6. 보수 방법을 선정하여 보수를 수행할 수 있다. 7. 얼라인먼트(Alignment)를 조정할 수 있다.
		2. 축계 정비하기	1. 축, 선미관을 분해, 발출할 수 있다. 2. 기준과 비교하여 마모 한계에 달하거나 또는 이상 부품을 판정할 수 있다. 3. 비파괴검사 방법을 결정하고 결과를 판정할 수 있다. 4. 보수 방법을 선정하여 보수를 수행할 수 있다. 5. 축, 선미관을 조립할 수 있다. 6. 얼라인먼트(Alignment)를 조정할 수 있다.

차 례

기계정비산업기사

Chapter 1 전기 측정 작업

Chapter 2 설비진단 측정 작업

Chapter 3 공 · 유압회로 구성 작업

Chapter 4 기계요소 정비 작업

기계정비산업기사 실기

전기 측정 작업

전기 측정 작업

1 소요시간 : 30분

(1) 주어진 저항을 도면 1에 의하여 브레드 보드를 사용하여 회로를 구성하여야 한다.
(2) 브레드 보드에 구성된 회로 내의 주어진 항목에 대한 값을 회로시험기로 측정하여 그 측정값을 답지 1에 기재하시오. (단, 저항값은 Ω , 전압은 V까지 측정하여 측정값은 소수점 둘째 자리에서 반올림하여 소수점 첫째 자리까지 기재하여야 한다.)

2 측정기 사용법

(1) 전원 공급기

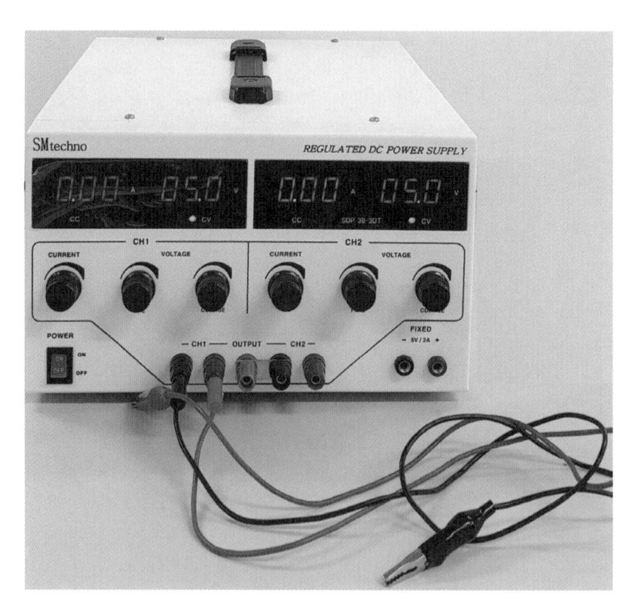

전원 공급기와 악어 클립

① 전원 공급기의 전원을 켜고 CH1이나 CH2의 가변 VOLTAGE 핸들을 돌려 5V로 조정한다.
② 전원을 OFF하고 바나나 잭을 삽입한 후 브레드 보드에 연결한다.

(2) 브레드 보드

① 전원 공급기에 삽입되어 있는 리드선 중 악어 클립은 그림과 같이 적색은 "+"에, 황색은 "–"에 클립한다.

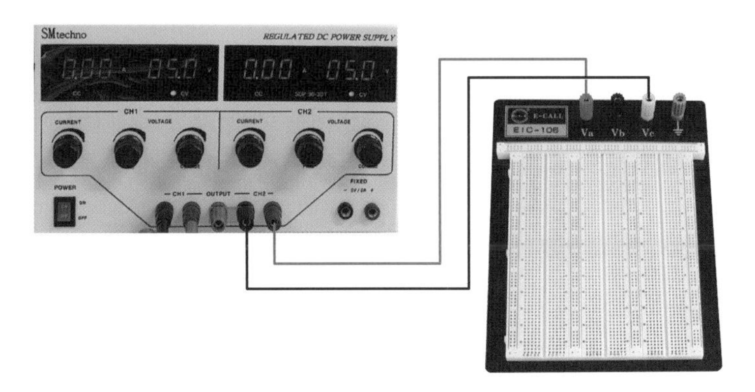

전원 공급기와 브레드 보드 연결

② 브레드 보드 내의 전원 연결은 그림과 같이 연결되어 있다.

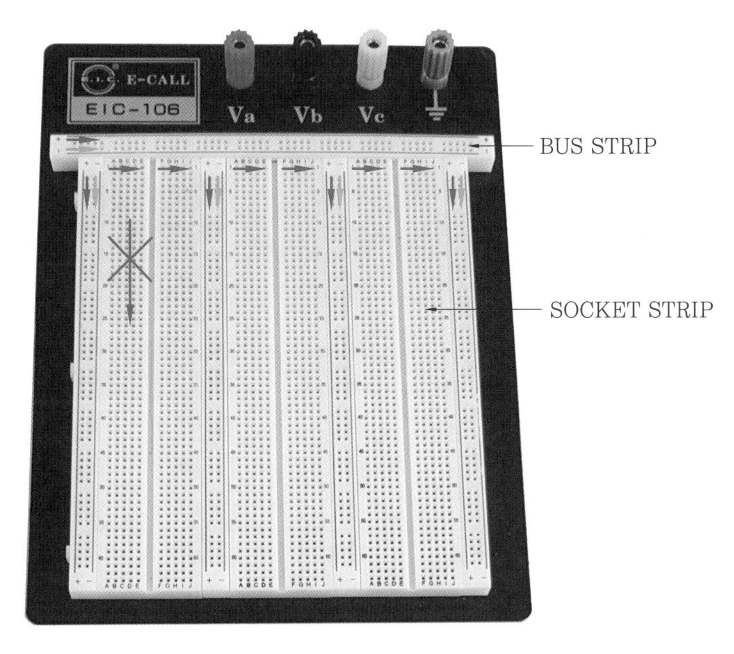

브레드 보드의 결선

- BUS STRIP은 가로 방향의 +와 – , 세로 방향의 +와 –가 각각 연결되어 있다.
- SOCKET STRIP은 가로 방향의 5구멍씩 연결되어 있고, 세로 방향은 단선되어 있다.

(3) 멀티 테스터

저항 측정은 정밀한 방법은 아니지만 색부호(color code)로 표시한 것을 이용하여 쉽게 저항값을 판정할 수 있는 방법과 정밀한 방법인 멀티 테스터를 이용하는 방법이 있다.

① **색 부호로 표시법** : 색부호로 나타내는 색저항은 일반적으로 4개의 색띠로 구성된다. 제1색대는 저항의 첫째 자릿수, 제2색대는 저항의 둘째 자릿수, 제3색대는 10의 배수를, 제4색대는 허용오차를 %로 표시한다. 제4색대의 경우 색부호가 보통 금색 또는 은색으로 표현되어 각각 ±5% 및 ±10%의 허용오차를 나타내고, 색부호가 표시되지 않는 무색의 경우는 허용오차가 ±20%인 것을 의미한다.

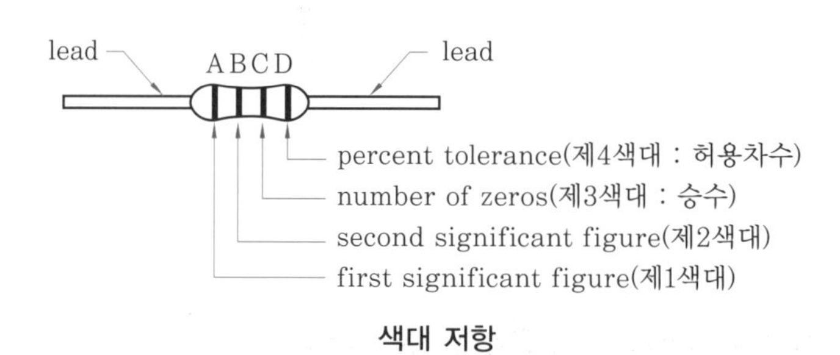

색대 저항

색 부호와 저항값

색깔	A 첫째 자릿수	B 둘째 자릿수	C 배수	D 허용오차(%)
흑색	0	0	10^0	
갈색	1	1	10^1	
적색	2	2	10^2	
등색	3	3	10^3	
황색	4	4	10^4	
녹색	5	5	10^5	
청색	6	6	10^6	
자색	7	7	10^7	
회색	8	8	10^8	
백색	9	9	10^9	
금색	–	–	10^{-1}	±5%
은색	–	–	10^{-2}	±10%
무색	–	–		±20%

② **멀티 테스터 이용법** : 선택 레버를 "Ω" 에 놓고 저항 양쪽 끝에 리드선을 접촉하여 저항 값을 측정한다.

디지털 멀티 테스터

3 실습 과제

도면 ①

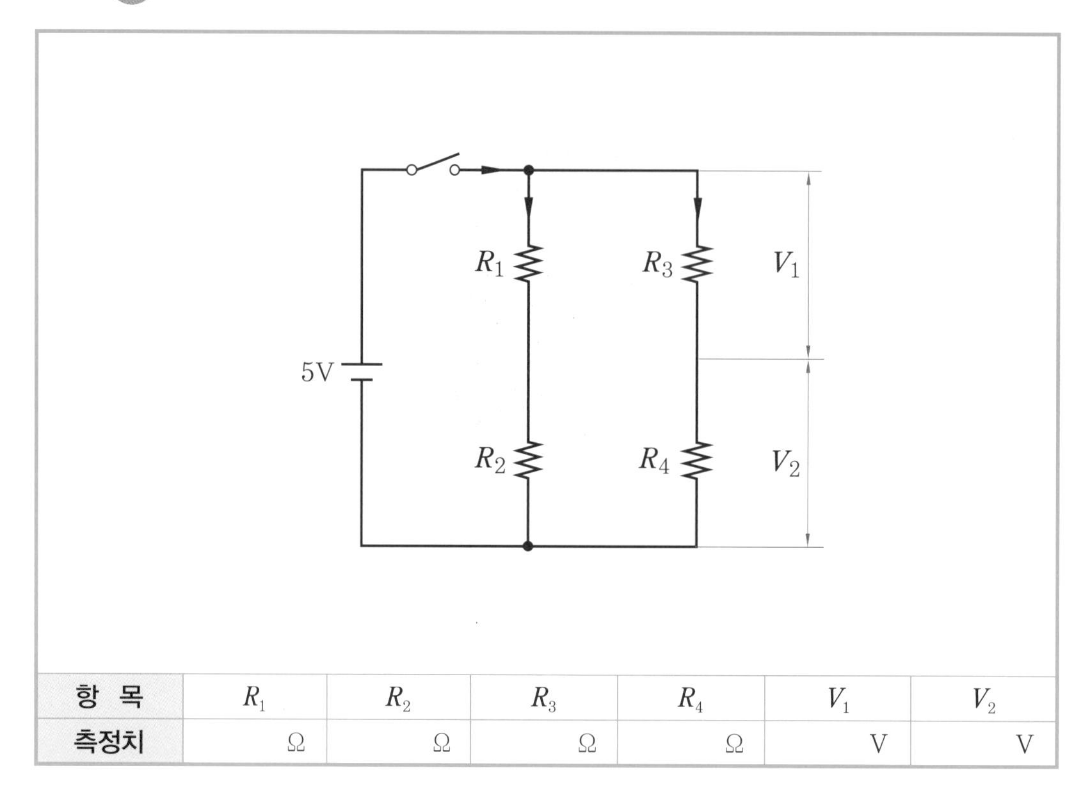

항 목	R_1	R_2	R_3	R_4	V_1	V_2
측정치	Ω	Ω	Ω	Ω	V	V

풀이

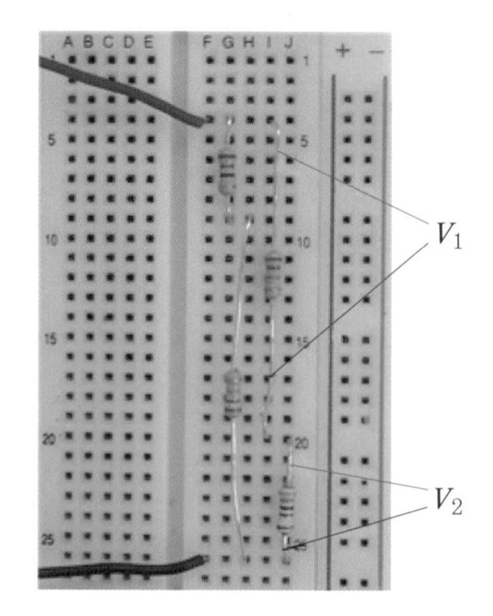

도면 ②

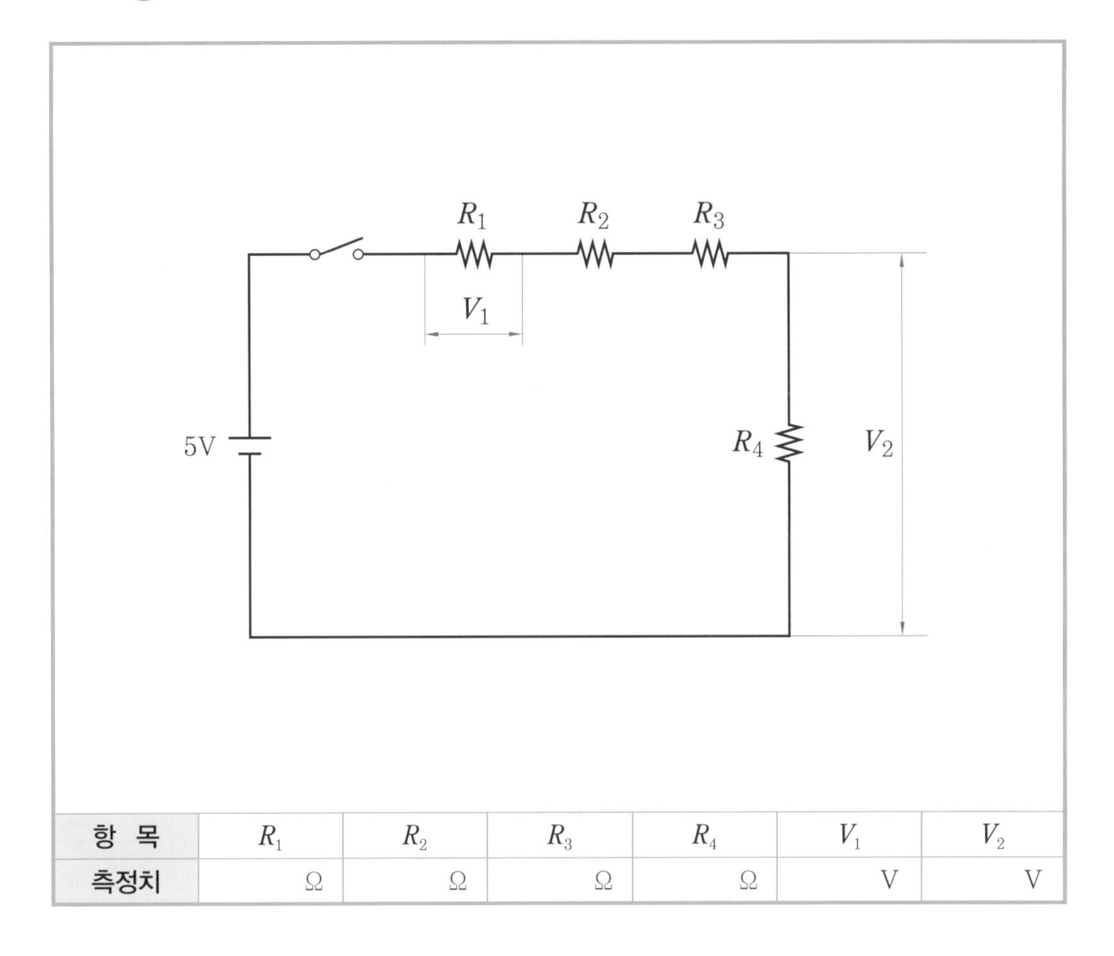

항 목	R_1	R_2	R_3	R_4	V_1	V_2
측정치	Ω	Ω	Ω	Ω	V	V

풀이

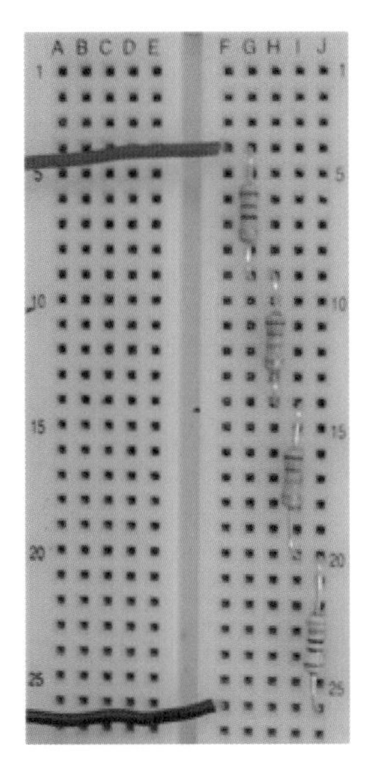

도면 ❸

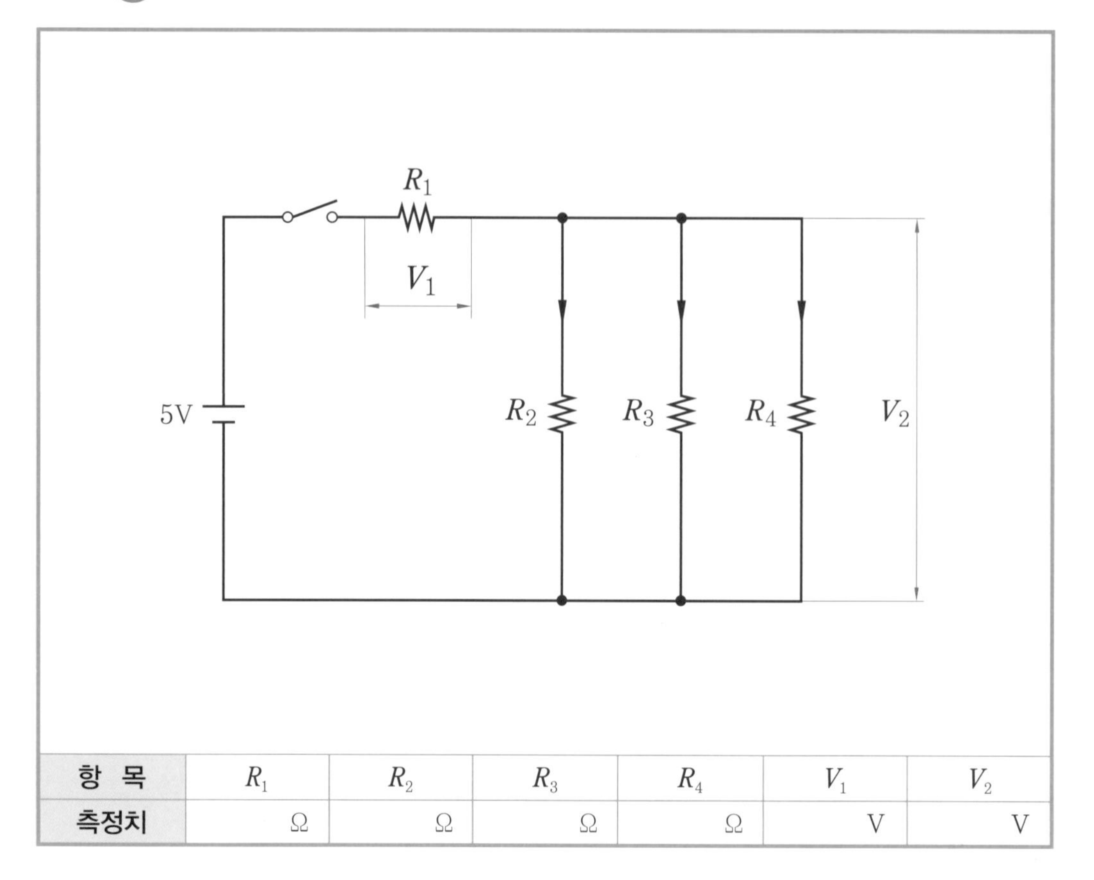

항 목	R_1	R_2	R_3	R_4	V_1	V_2
측정치	Ω	Ω	Ω	Ω	V	V

풀이

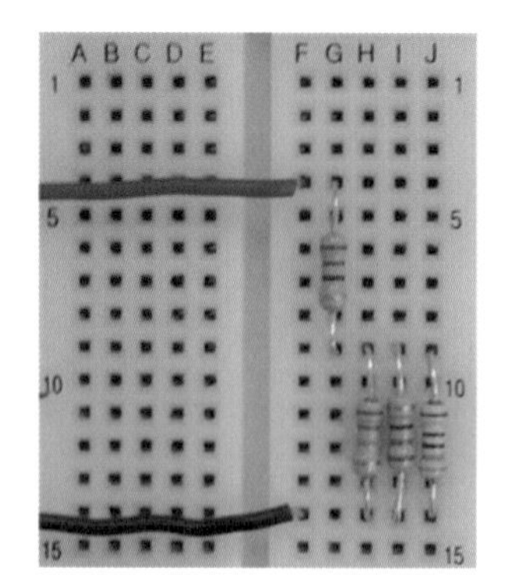

도면 ④

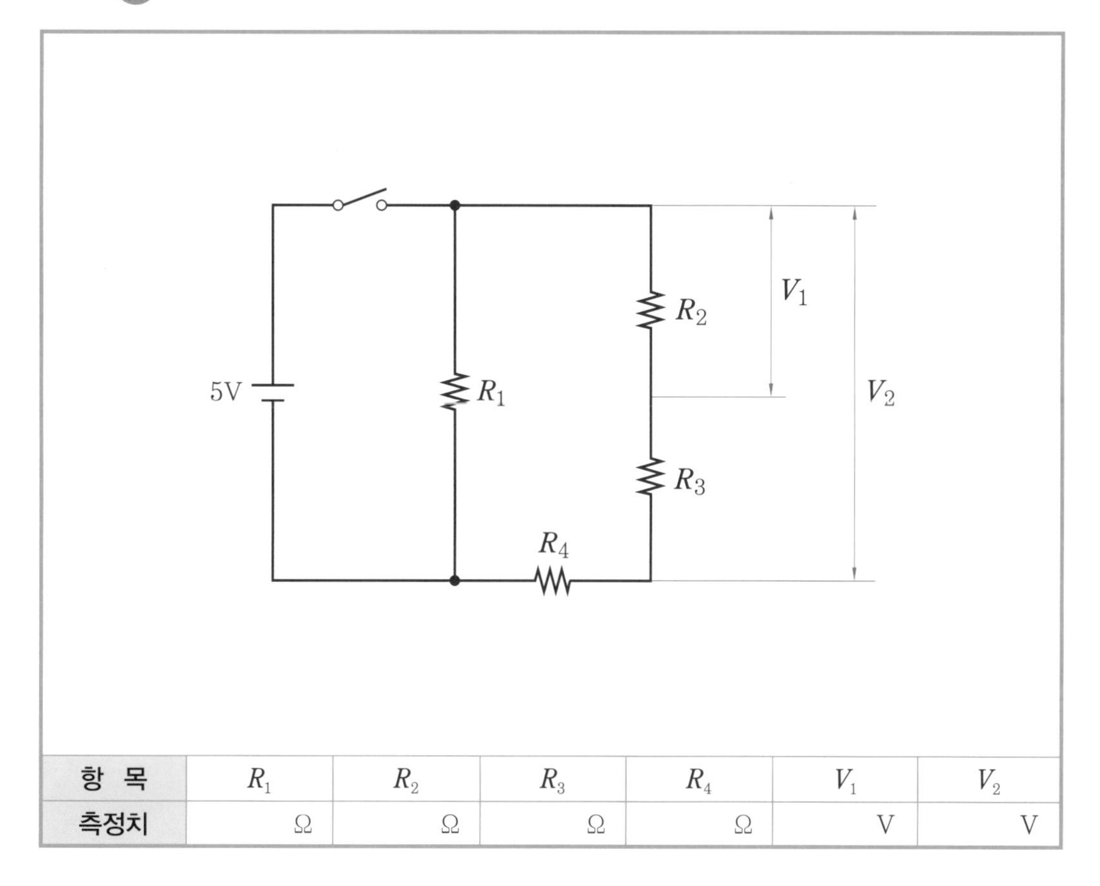

항 목	R_1	R_2	R_3	R_4	V_1	V_2
측정치	Ω	Ω	Ω	Ω	V	V

풀이

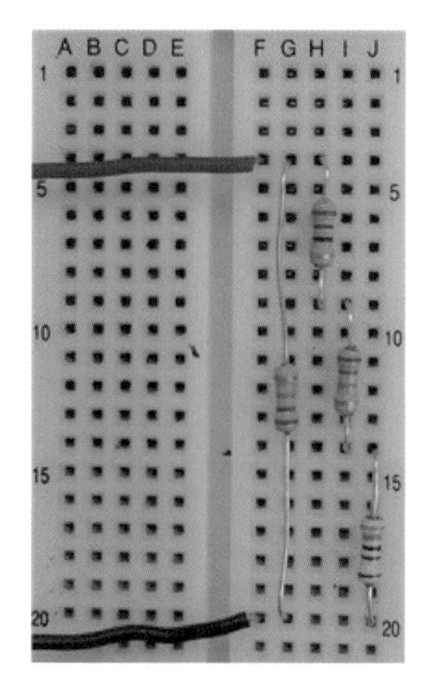

도면 5

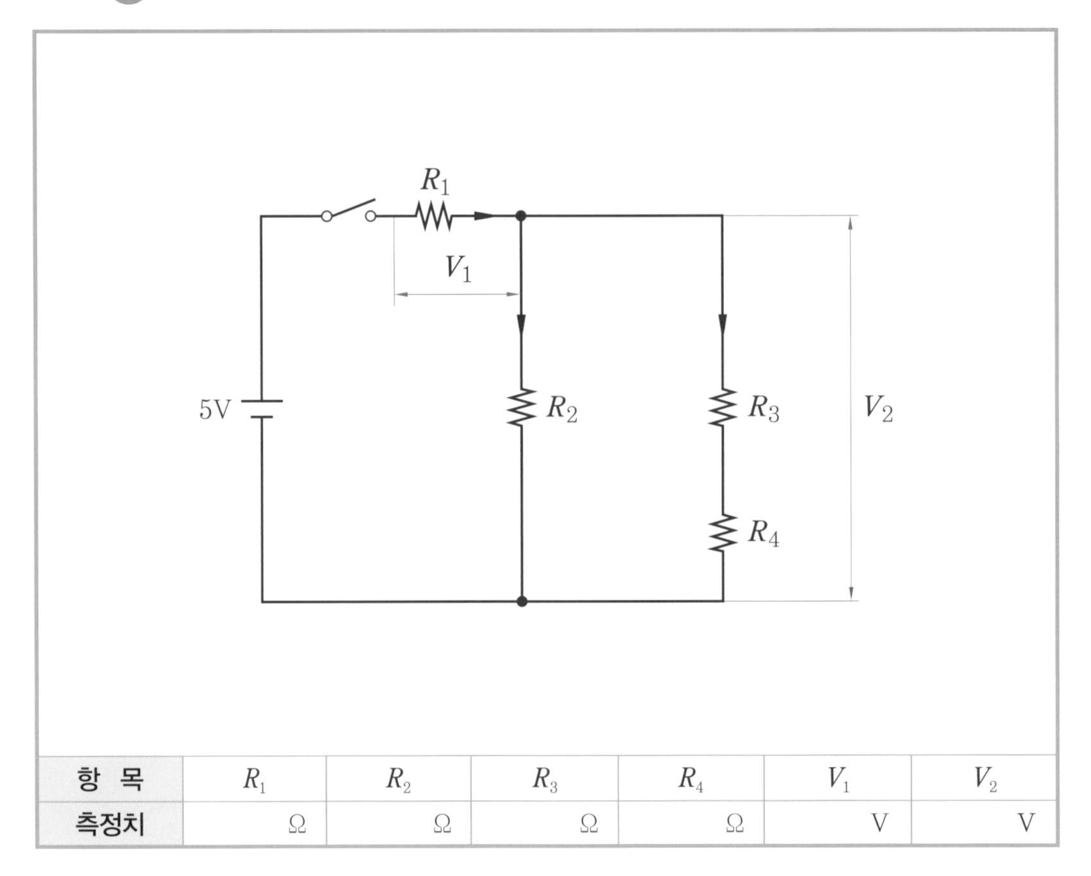

항 목	R_1	R_2	R_3	R_4	V_1	V_2
측정치	Ω	Ω	Ω	Ω	V	V

풀이

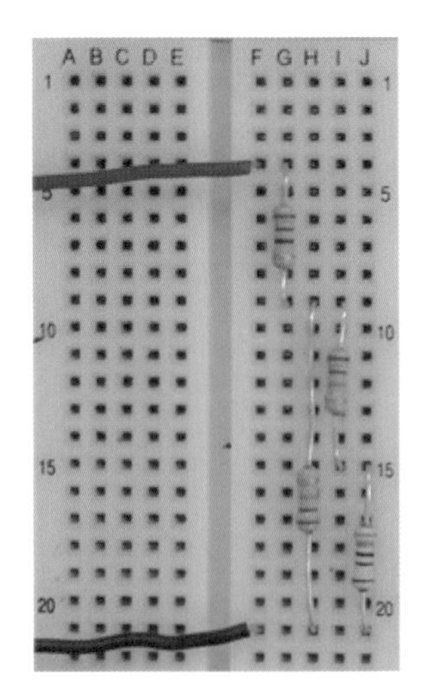

도면 ❻

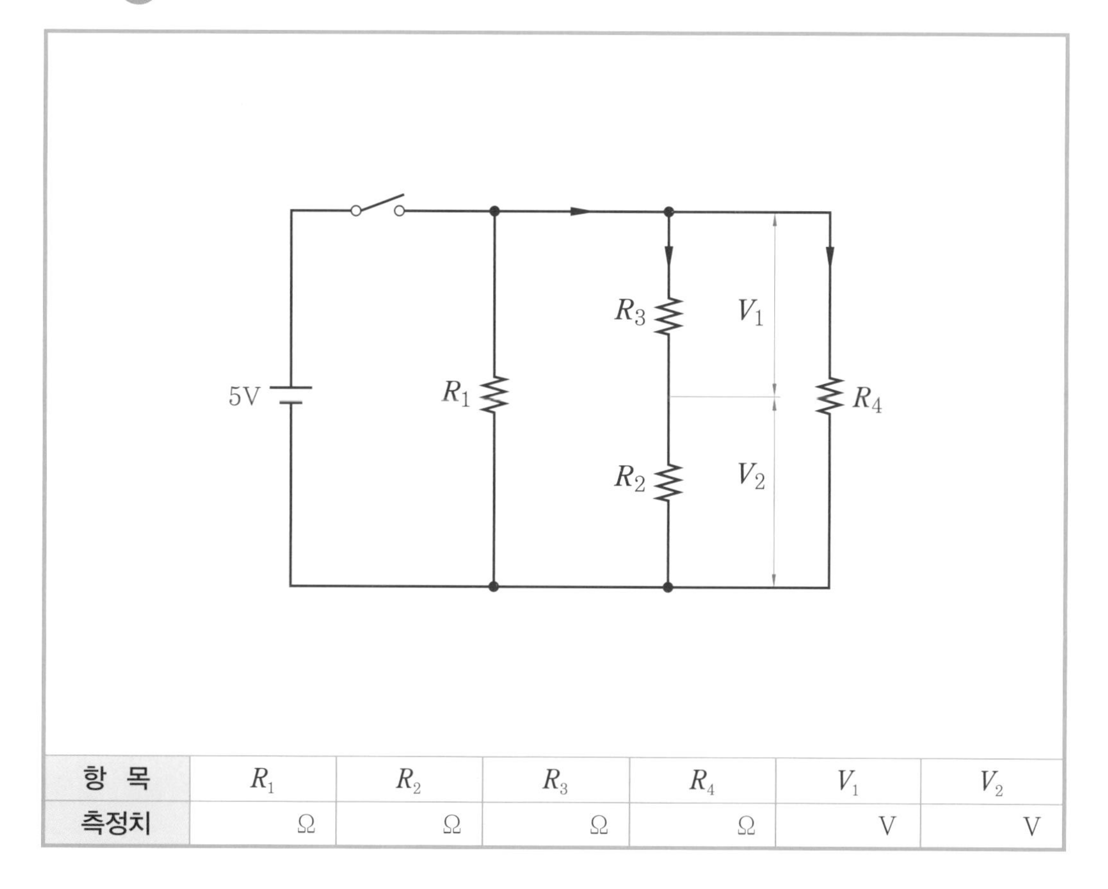

항 목	R_1	R_2	R_3	R_4	V_1	V_2
측정치	Ω	Ω	Ω	Ω	V	V

풀이

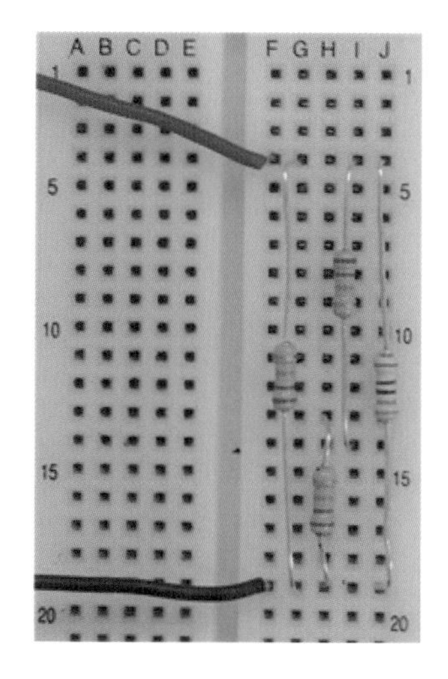

도면 7

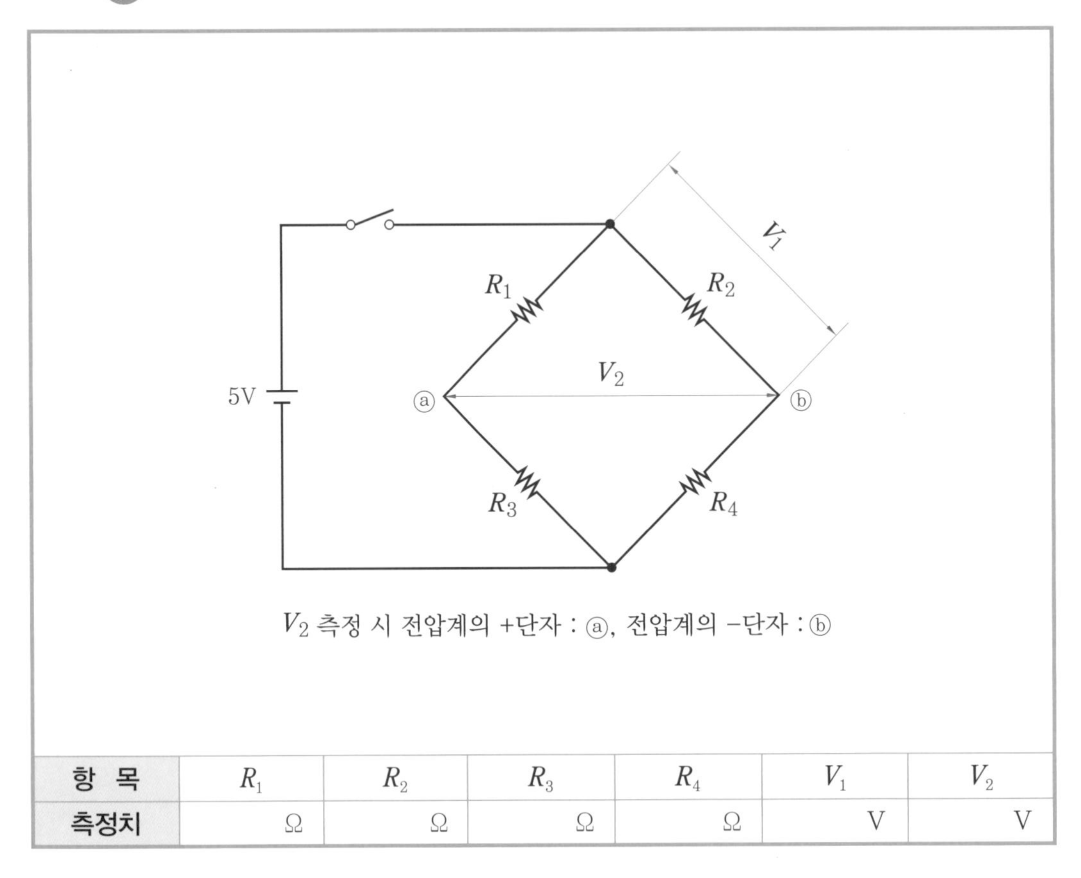

V_2 측정 시 전압계의 +단자 : ⓐ, 전압계의 −단자 : ⓑ

항 목	R_1	R_2	R_3	R_4	V_1	V_2
측정치	Ω	Ω	Ω	Ω	V	V

풀이

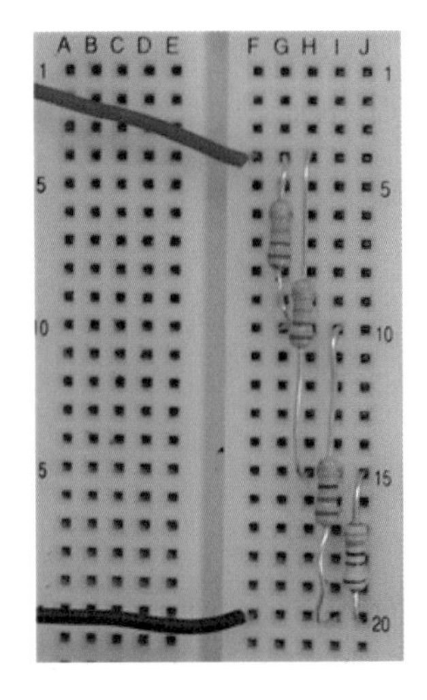

도면 ⑧

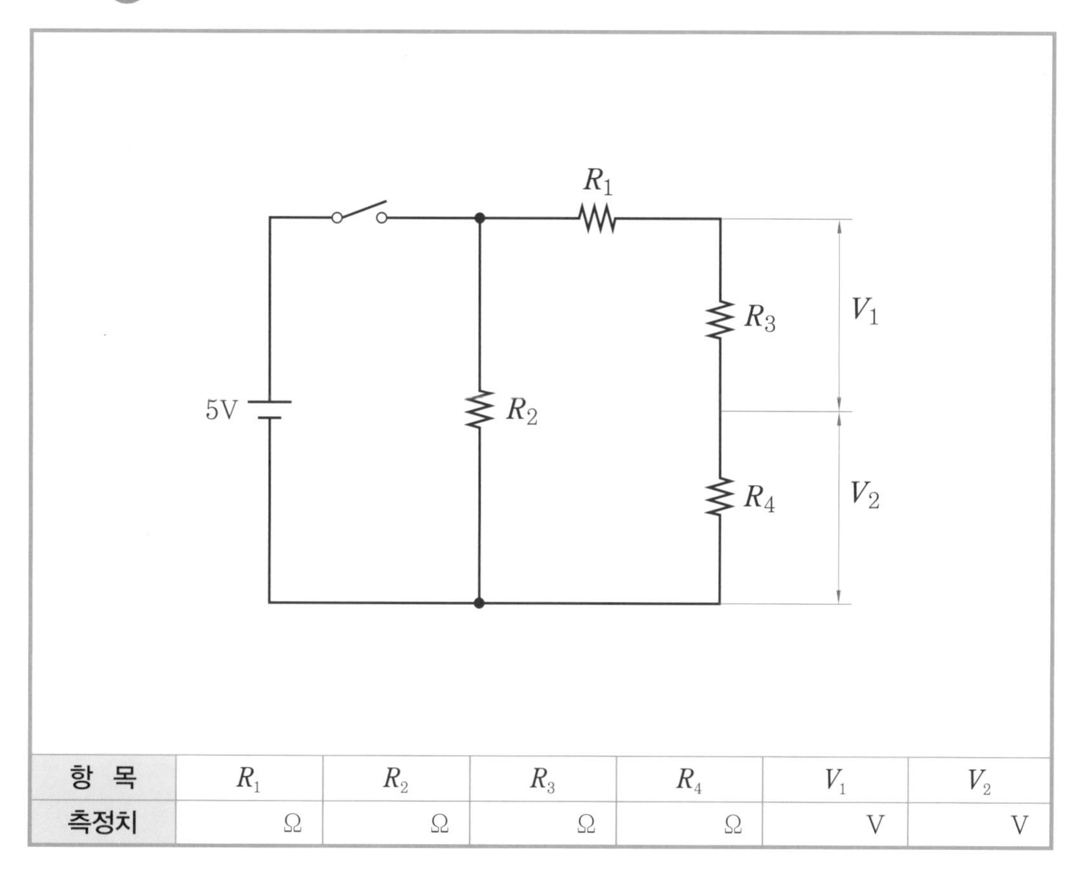

항 목	R_1	R_2	R_3	R_4	V_1	V_2
측정치	Ω	Ω	Ω	Ω	V	V

풀이

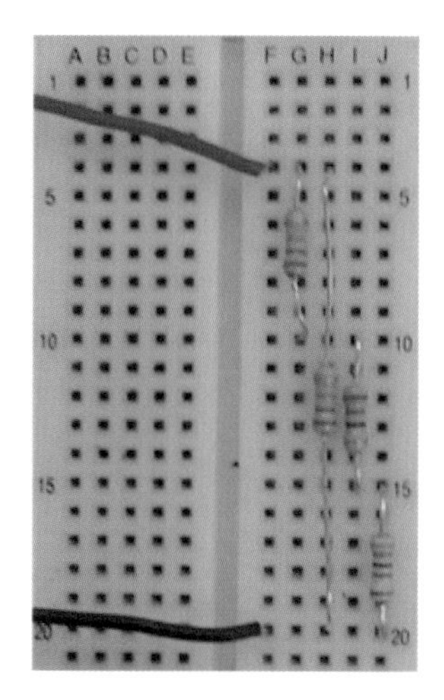

도면 9

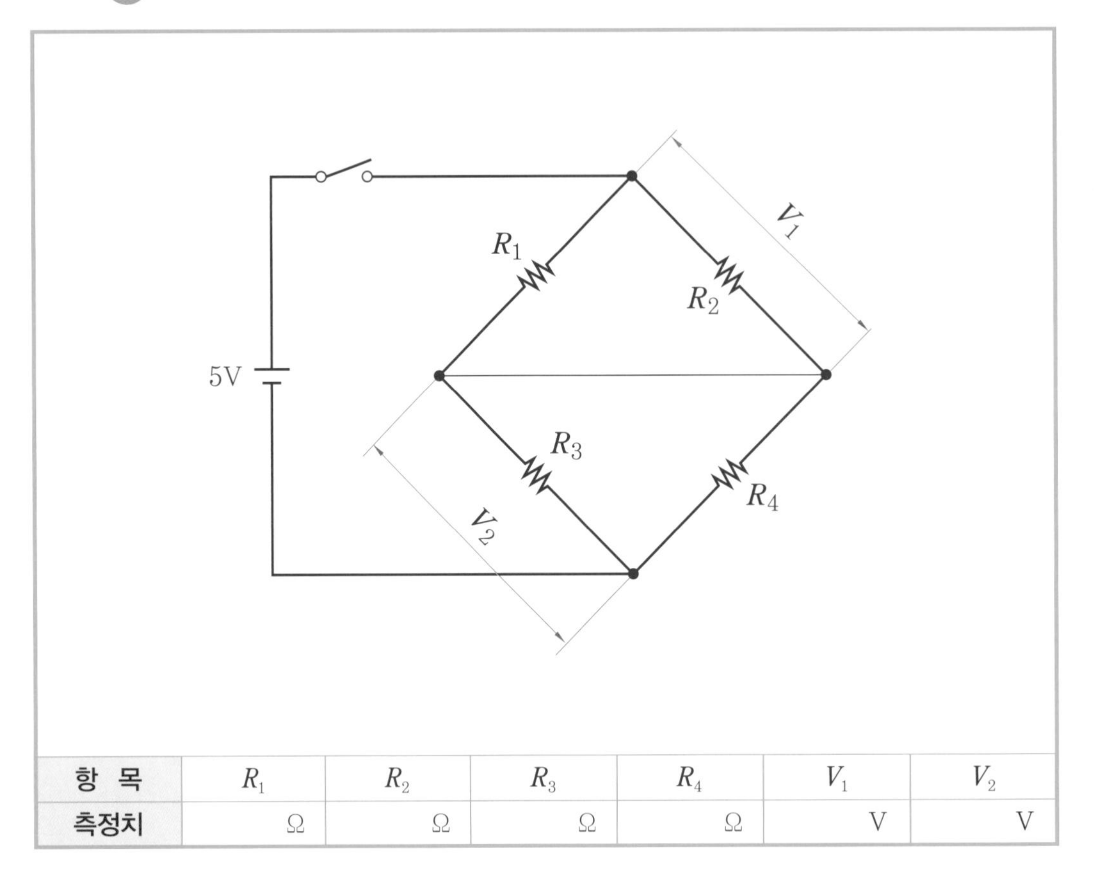

항 목	R_1	R_2	R_3	R_4	V_1	V_2
측정치	Ω	Ω	Ω	Ω	V	V

풀이

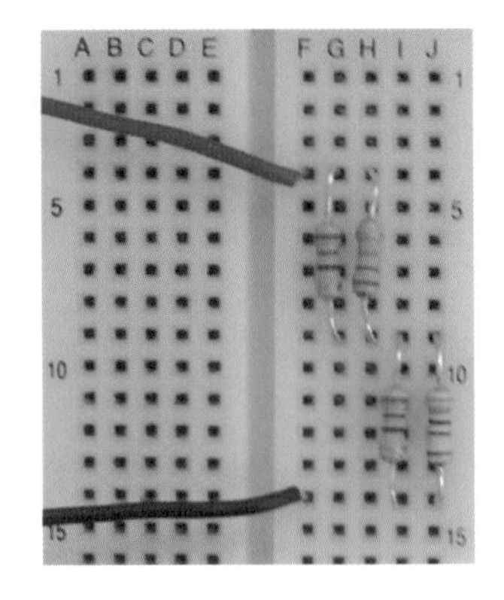

도면 ⑩

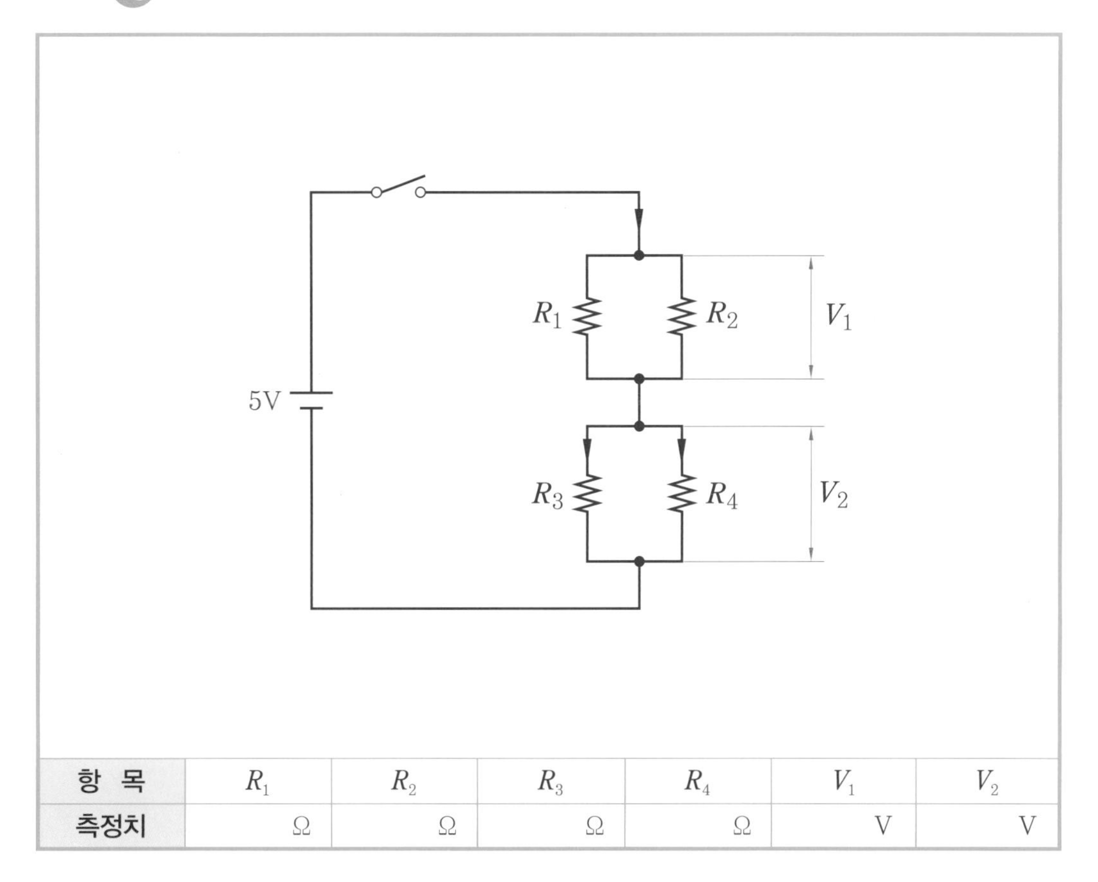

항 목	R_1	R_2	R_3	R_4	V_1	V_2
측정치	Ω	Ω	Ω	Ω	V	V

풀이

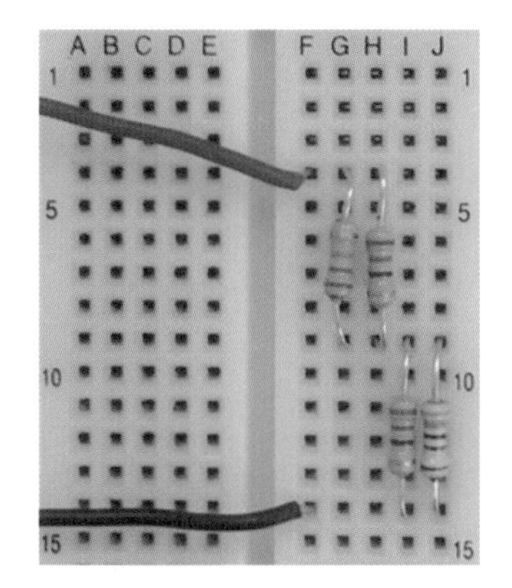

도면 11

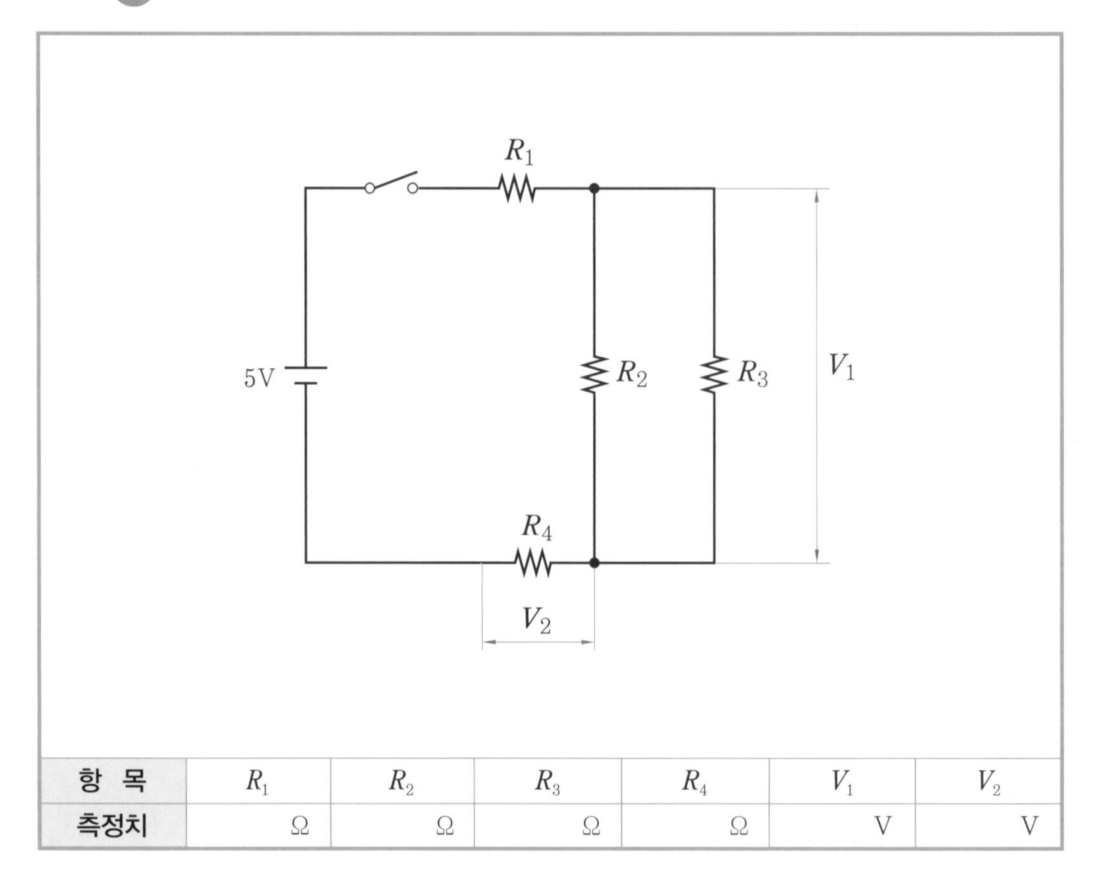

항 목	R_1	R_2	R_3	R_4	V_1	V_2
측정치	Ω	Ω	Ω	Ω	V	V

풀이

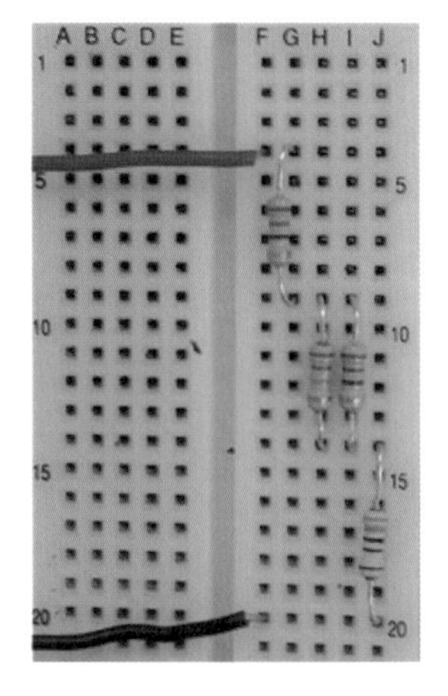

도면 ⑫

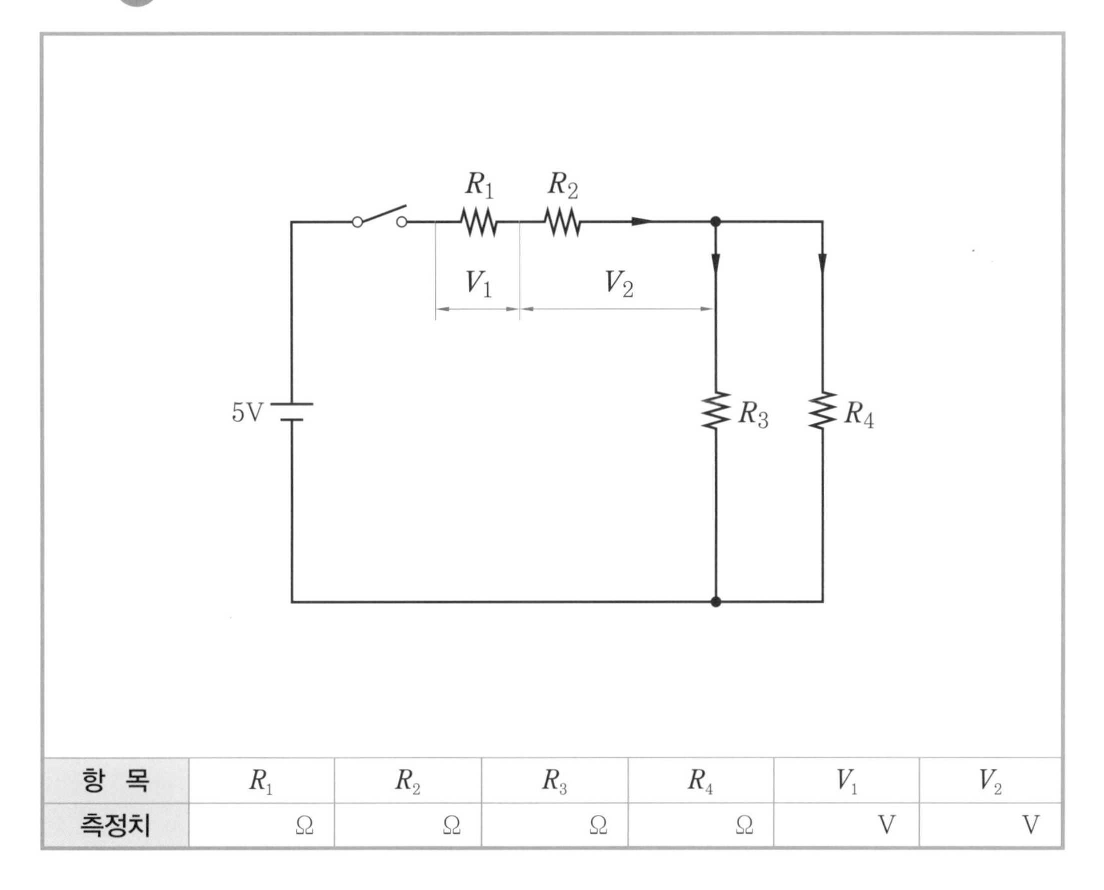

항 목	R_1	R_2	R_3	R_4	V_1	V_2
측정치	Ω	Ω	Ω	Ω	V	V

풀이

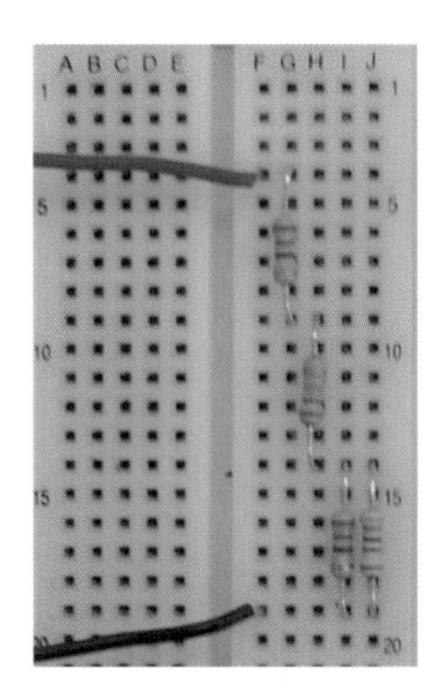

도면 ⑬

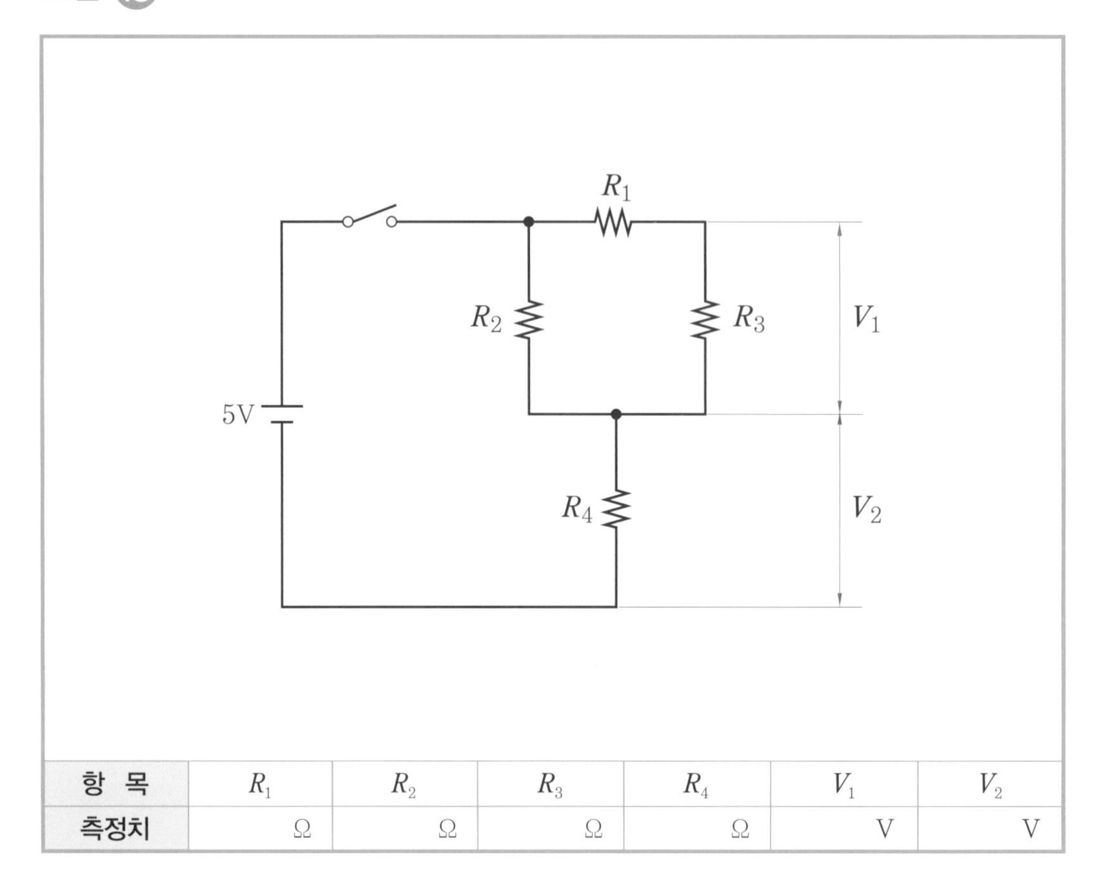

항 목	R_1	R_2	R_3	R_4	V_1	V_2
측정치	Ω	Ω	Ω	Ω	V	V

풀이

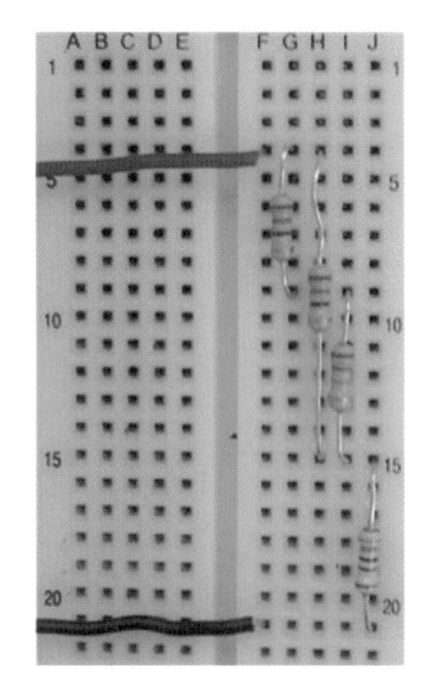

도면 ⑭

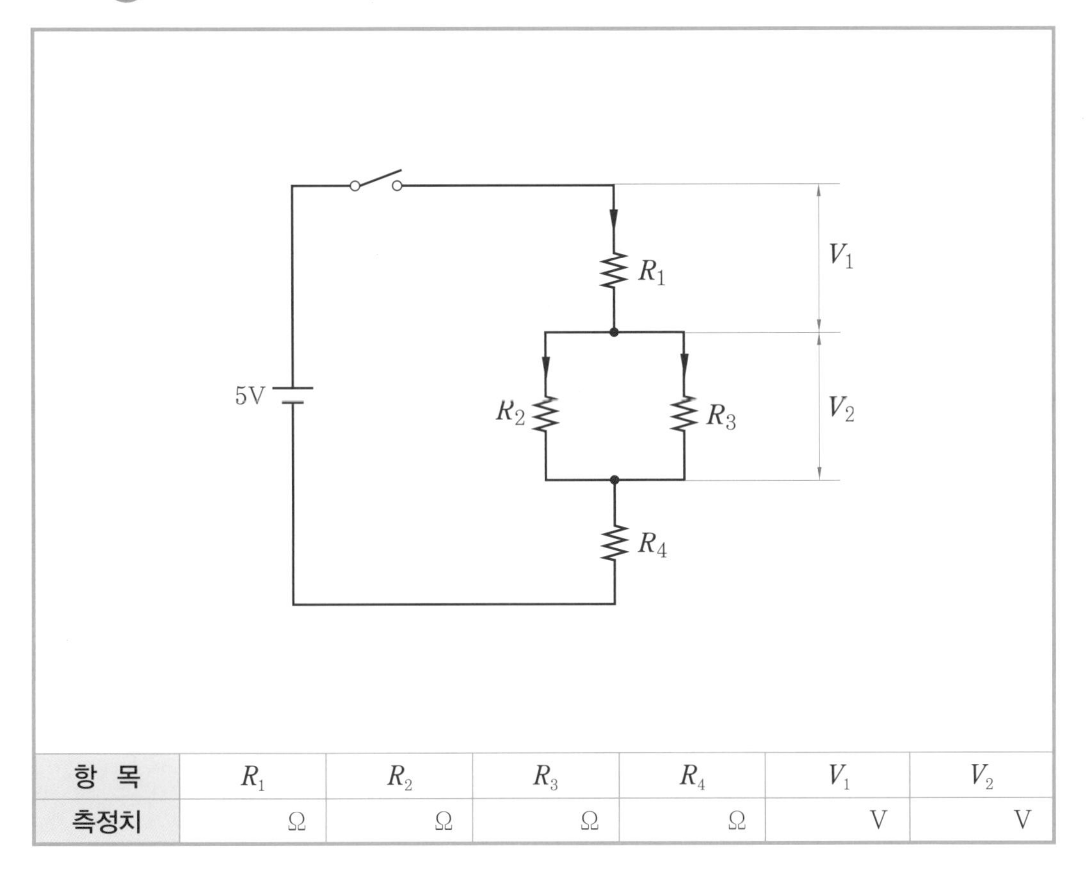

항 목	R_1	R_2	R_3	R_4	V_1	V_2
측정치	Ω	Ω	Ω	Ω	V	V

풀이

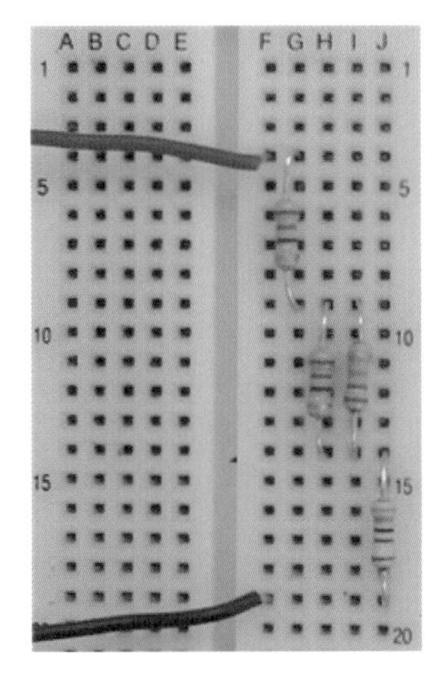

Chapter

2

설비진단 측정 작업

설비진단 측정 작업

1 소요시간 : 1시간 30분

(1) 소음 측정 작업

① 주어진 모터의 소음을 측정하여 소음이 가장 큰 모터를 찾아 모터번호와 소음값을 답지 2에 쓰시오.

② 소음이 가장 큰 모터를 제외한 모터 2개에 대하여 모터 Ⓐ 및 모터 Ⓑ로 지정한 후 각각의 소음을 개별 측정하여 답안지에 기록하고, 2개의 모터(Ⓐ, Ⓑ)를 동시에 회전시켰을 때의 소음값을 계산식으로 계산하여 계산식과 그 값을 답지 2에 쓰시오.

(2) 진동 측정 작업

① 진동 측정기와 가속도 센서를 이용하여 진단 시스템을 구성하시오.

② 3대의 회전기계 진단장치를 개별적으로 동작시켜 각각의 스펙트럼을 출력하여 답지 3에 부착하고, 각각의 출력물에 따른 상태, 회전속도, 방향별 주요 성분을 답지 3의 표에 기록하여 제출하시오. (단, 상태는 정상 상태, 축 오정렬 상태, 질량 불평형 상태 등으로 분류하고, 주요 성분은 없음, 1X, 2X, 3X 등으로 분류한 후 주요 성분에 대한 주파수값을 같이 기록하시오.)

2 소음 측정기 사용법

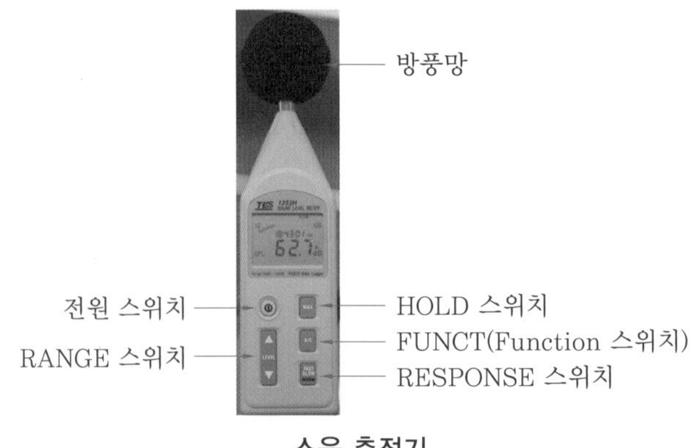

소음 측정기

(1) 소음 측정은 KS C 1502에 정한 보통 소음 계급 이상으로 측정한다.

소음계의 측정 범위

정밀 소음계	보통 소음계	간이 소음계
20~12500Hz	31.5~8000Hz	70~6000Hz

(2) FUNCT(Function S/W)

소음계는 A, B, C, D의 보청회로를 통하여 측정한다. 일반적으로 인간의 청각에 대응하는 음압 레벨의 측정은 A 특성을 사용한다. C 특성은 전 주파수 대역에 평탄 특성(flat)으로서 자동차의 경적 소음 측정에 사용된다. 현재 잘 사용하지 않는 B 특성은 A 특성과 C 특성의 중간 특성을 의미하며, ISO 규격에는 항공기 소음 측정을 위한 D 특성이 있다. 측정값은 dB(A), dB(B), dB(C) 등으로 표시한다.

(3) RESPONSE S/W

지시계기의 지침 속도를 조절하기 위한 동특성은 FAST와 SLOW 모드가 있다.

① **FAST 모드** : 모터, 기어 장치 등 회전 기계와 같이 변동이 심한 짧은 시간의 신호와 펄스 신호에 대해서 사용한다.

② **SLOW 모드** : 환경 소음과 같이 대상음의 변동이 적어 응답이 늦고 낮은 소음도 값으로 지시된다.

(4) RANGE S/W

음의 크기에 따른 범위를 설정하는 것으로 △를 한번 누를 때마다 10dB씩 올라가고 ▽를 한번 누를 때마다 10dB씩 내려간다.

(5) 소음계에 마이크로폰을 부착하여 삼각대에 장치하는 방법은 그림과 같이 일반적으로 사용하나 지시차를 판독하기 위하여 너무 접근하지 않아야 한다.

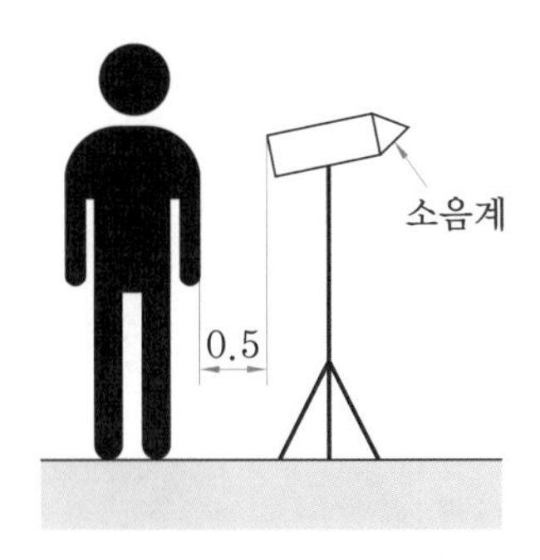

3 소음 실습 과제

실습 순서

소음 측정 시뮬레이터와 소음 측정기

(1) 시뮬레이터와 소음 측정기의 설치

① 모터의 높이와 소음계의 높이를 같도록 조정한다.

② 모터와 소음계는 직각으로 하고 거리는 1.5m 멀어지도록 한다.

(2) 소음계 세팅

① FUNCT(Function S/W) : A

② RESPONSE S/W : FAST

③ RANGE S/W : 40~60dB(A)

(3) 메인 전원 스위치를 ON 상태로 하고 모터 1의 스위치를 ON한 후 소음계의 HOLD S/W를 눌러 소음을 측정한 후 기록한다.

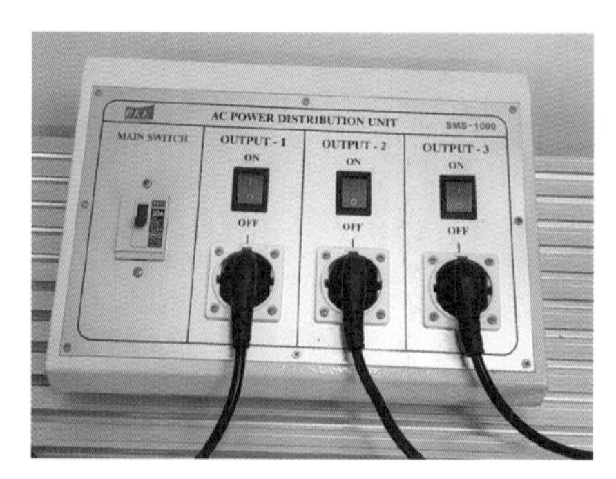

모터 컨트롤러

(4) 모터 1을 OFF하고 모터가 완전히 정지한 후 모터 2의 스위치를 ON한 후 소음을 측정하여 기록한다. 모터 3도 같은 방법으로 측정, 기록한다.

(5) 모터 3대 중 가장 소음이 큰 모터의 번호와 소음값을 답지에 기록한다. 이때 소음값의 단위 dB(A)를 반드시 기입하여야 한다.

(6) 가장 소음이 큰 모터를 제외한 두 대의 모터 소음값을 모터 Ⓐ, 모터 Ⓑ에 기록한다. 이때 소음값의 단위 dB(A)를 반드시 기입하여야 한다.

(7) 소음 합성식 $L_{PT}=10\log\left(10^{\frac{LP_1}{10}}+10^{\frac{LP_2}{10}}\right)$ 을 기록한 후 계산기를 이용하여 모터 Ⓐ 소음값을 LP_1, 모터 Ⓑ 소음값을 LP_2로 대입하여 그 값을 기록한다. 이때 소음값의 단위 dB(A)를 반드시 기입하여야 한다.

1. 소음이 가장 큰 모터

(1) 번호 : ______________________

(2) 소음값 : ______________________

2. 소음 합성

(1) 모터 Ⓐ : ______________________

(2) 모터 Ⓑ : ______________________

(3) 합성 계산식 : ______________________

(4) 합성값 : ______________________

4 진동 측정

진동 측정기도 소음계와 마찬가지로 제조사마다 사용법이 다르며, 여기서는 국내 학교에서 사용되고 있는 것 중 가장 많이 사용되고 있는 두 개의 장비를 소개한다.

1 AZIMA CX-10(국내 대아기기(주)) 측정 순서

① 좌측에서 Plant-Area-Machine-Location 순으로 선택한다.

예 기계정비산업기사 - 비번호 - Machine 1 - FAN, BEARING 3

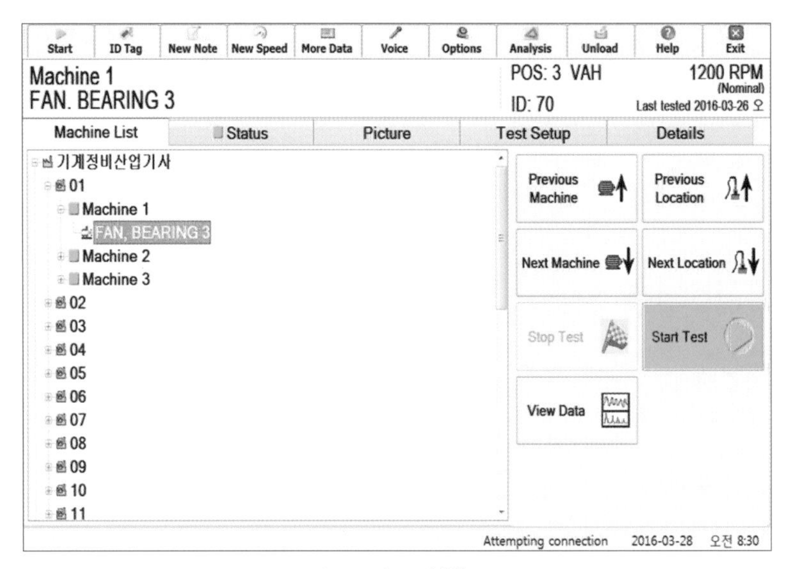

Location 선택

② 3축 센서를 키 홈에 맞게 물린 후 드라이버를 사용하여 체결한다. 이때 센서의 신호선과 소매 등 회전체에 닿지 않도록 유의한다.

3축 센서 체결 (1)

3축 센서 체결 (2)

③ Trio DP-1 장비 측면 버튼을 눌러 전원을 공급한다. 전원이 켜지고 푸른색 LED(블루투스)가 켜진 것을 확인한다.

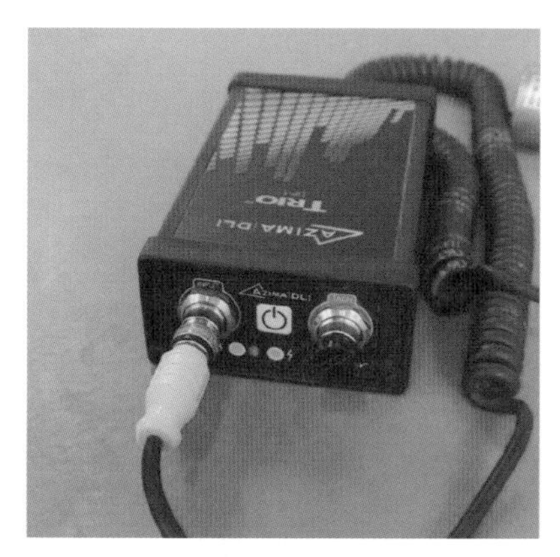

전원 확인

블루투스 확인

④ 회전기계 진단장치의 RUN 버튼(초록색)을 눌러 기기를 가동한다.

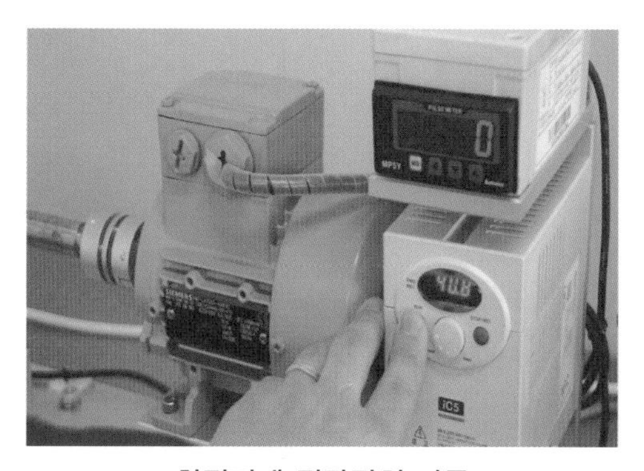

회전기계 진단장치 가동

⑤ 회전기계 진단장치 기기 중앙에 있는 조그 다이얼을 돌려, 상단 RPM미터를 보며 1200에 맞춘다(1200RPM을 정확히 맞추지 못하므로, 1200(±5)RPM 정도로 설정한다). RPM은 분당 회전수이고 Hz는 초당 회전수라고 가정하면 1Hz=60RPM이므로 60의 배수로 회전수를 선택하는 것이 편리하고, 10Hz, 즉 600RPM 이하로 회전하면 주파수 특성이 잘 나타나지 않게 되며, 경험상 1200RPM, 즉 20Hz가 주파수 특성이 가장 잘 나타나게 되어 선택한다.

RPM 조정

⑥ 진동 측정기에서 Start Test를 클릭한다.

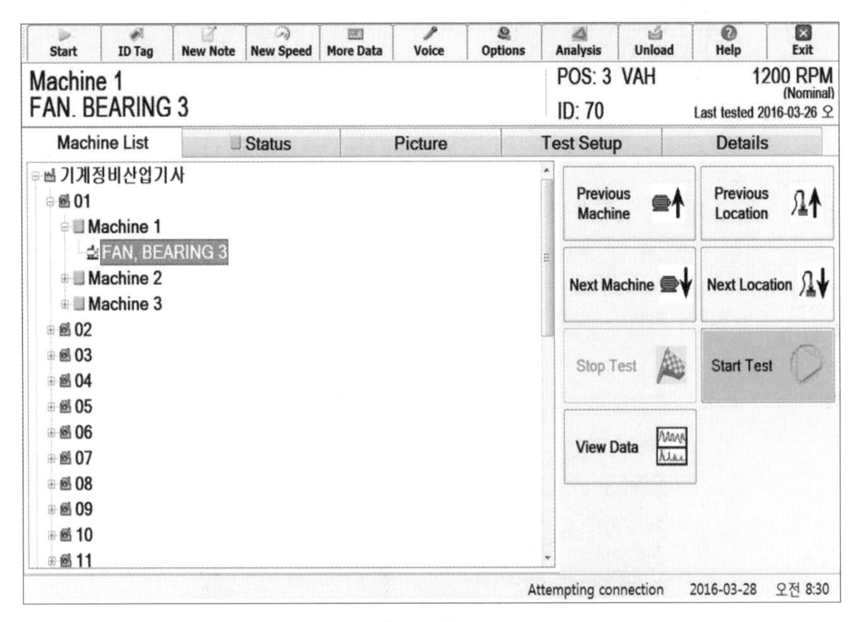

Start Test

이때 아래와 같은 화면이 나온다면 'OK'를 누르면 정상적으로 시작된다.

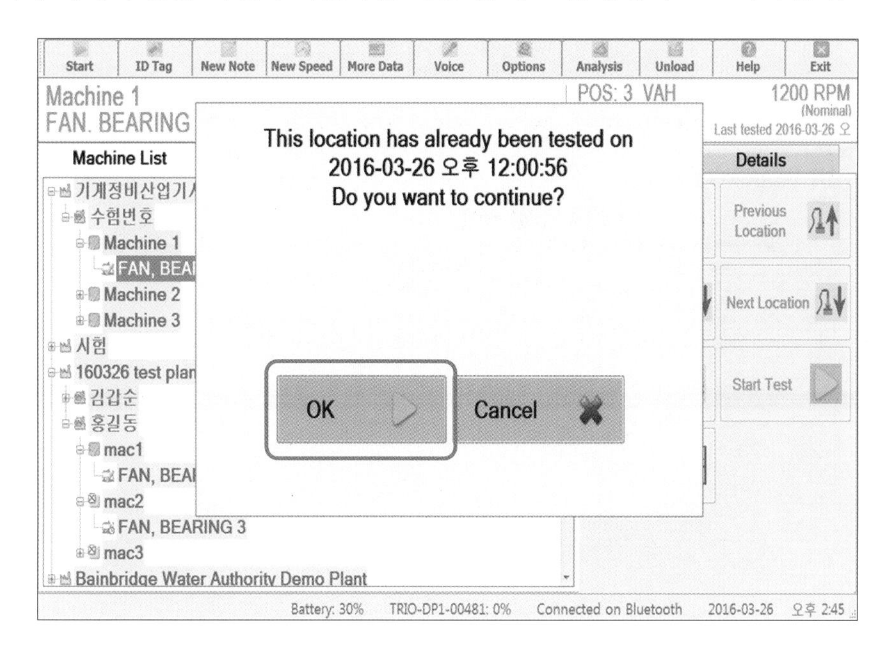

⑦ 'COLLECTING DATA'가 나오면 데이터 측정이 시작된 것이며 잠시 대기한다.

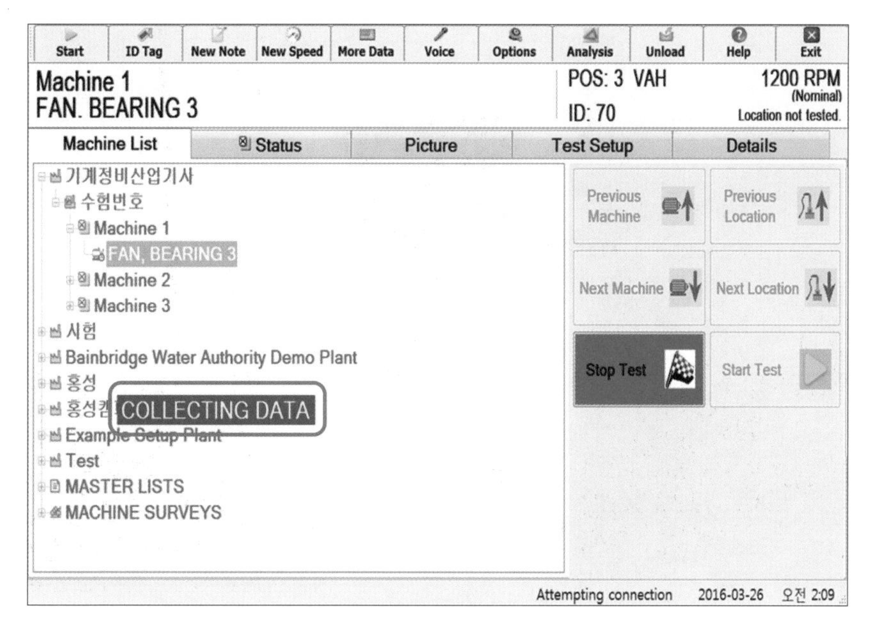

데이터 측정

⑧ 측정이 완료되면 측정 결과가 표시된다. 'OK'를 눌러 측정화면에서 빠져 나오며, 회전기계 진단장치의 STOP버튼(빨간색)을 눌러 기기를 정지시킨다.

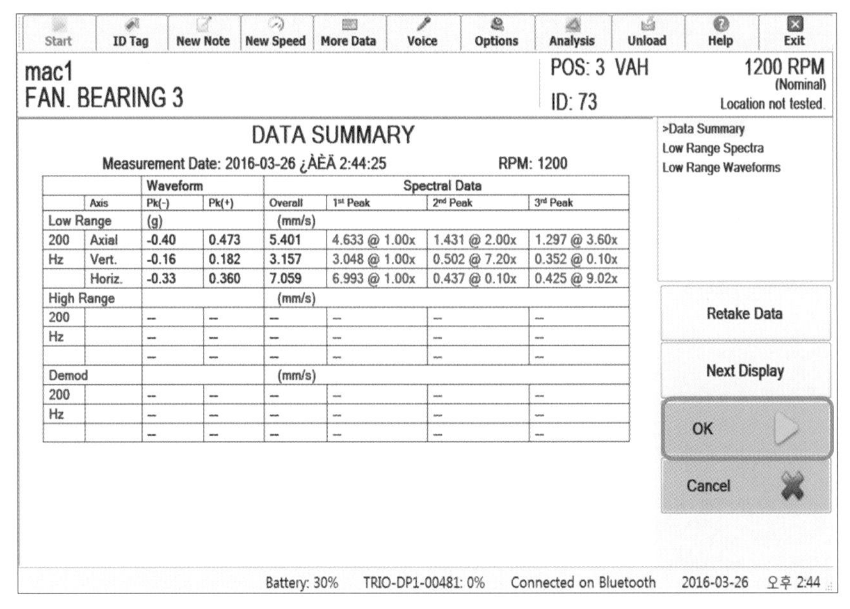

		Waveform		Spectral Data			
	Axis	Pk(-)	Pk(+)	Overall	1st Peak	2nd Peak	3rd Peak
Low Range		(g)		(mm/s)			
200	Axial	-0.40	0.473	5.401	4.633 @ 1.00x	1.431 @ 2.00x	1.297 @ 3.60x
Hz	Vert.	-0.16	0.182	3.157	3.048 @ 1.00x	0.502 @ 7.20x	0.352 @ 0.10x
	Horiz.	-0.33	0.360	7.059	6.993 @ 1.00x	0.437 @ 0.10x	0.425 @ 9.02x
High Range				(mm/s)			
200		--	--	--	--	--	--
Hz		--	--	--	--	--	--
		--	--	--	--	--	--
Demod				(mm/s)			
200		--	--	--	--	--	--
Hz		--	--	--	--	--	--
		--	--	--	--	--	--

측정 결과 데이터 화면

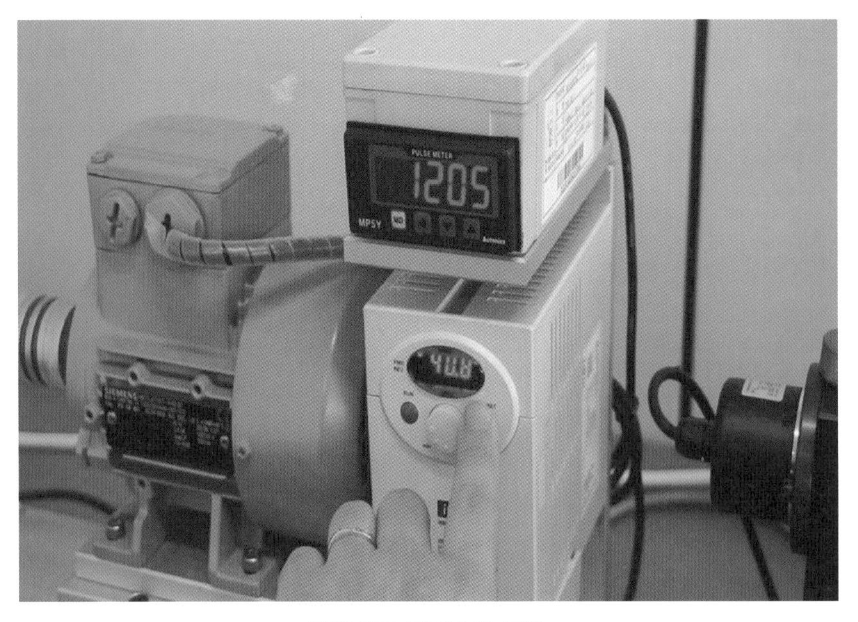

회전기계 진단장치 정지

⑨ 나머지 2대의 회전기계 진단장치도 위의 처음과 같이 좌측에서 Plant-Area-Machine-Location 순으로 선택하여 측정한다. 이때 이미 측정한 로케이션이 아닌 다음 로케이션을 선택해야 한다.

예 Machine 2 - FAN, BEARING 3

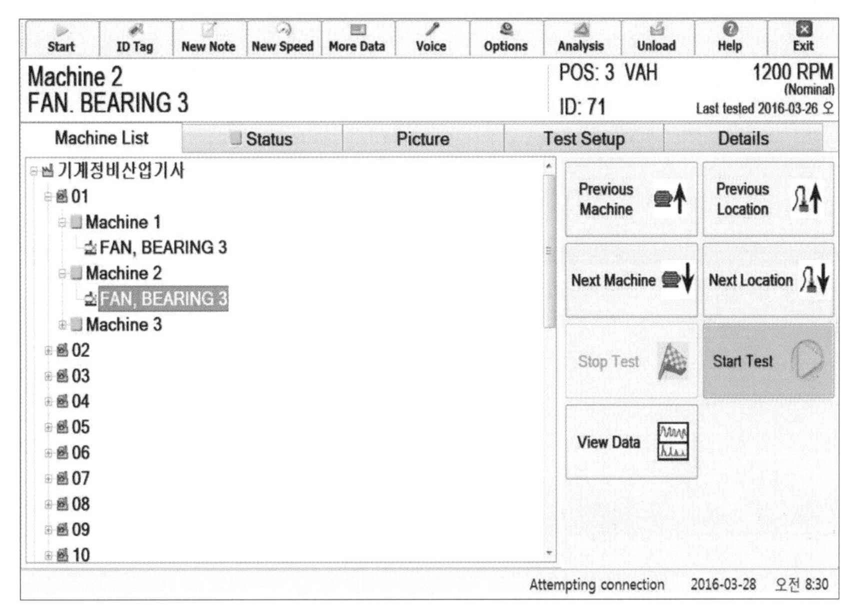

두 번째 Location 선택

⑩ 세대의 회전기계 진단장치에서 진동 측정이 모두 끝나면 상단의 'Analysis'를 눌러 데이터 분석 프로그램을 실행한다.

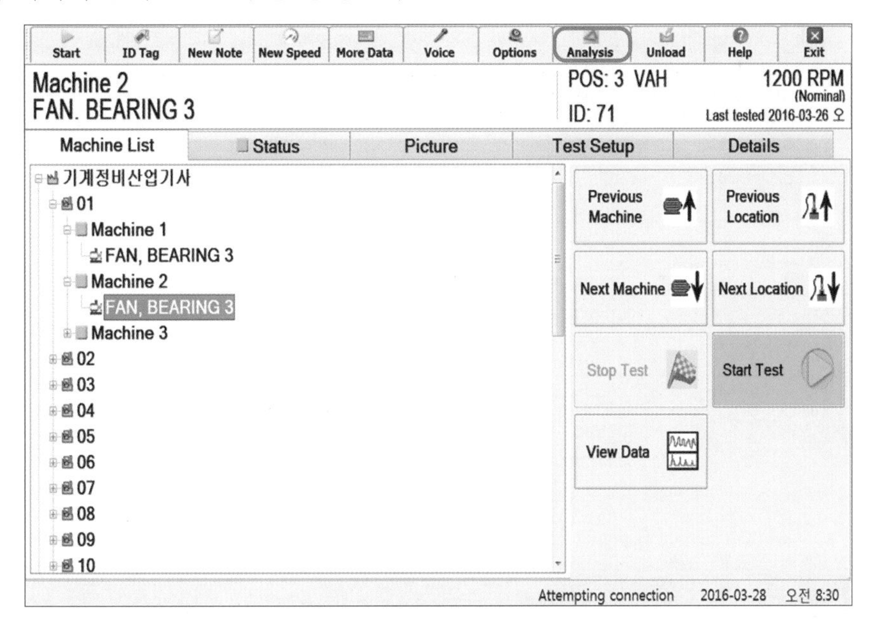

데이터 분석 프로그램 실행

⑪ 분석 프로그램이 실행되면 좌측에서 측정했던 항목을 선택한다. 그리고 상단의 메뉴 중 그래프 항목을 선택한다.

예 기계정비산업기사 – 비번호 – Machine 1 – FAN, BEARING 3

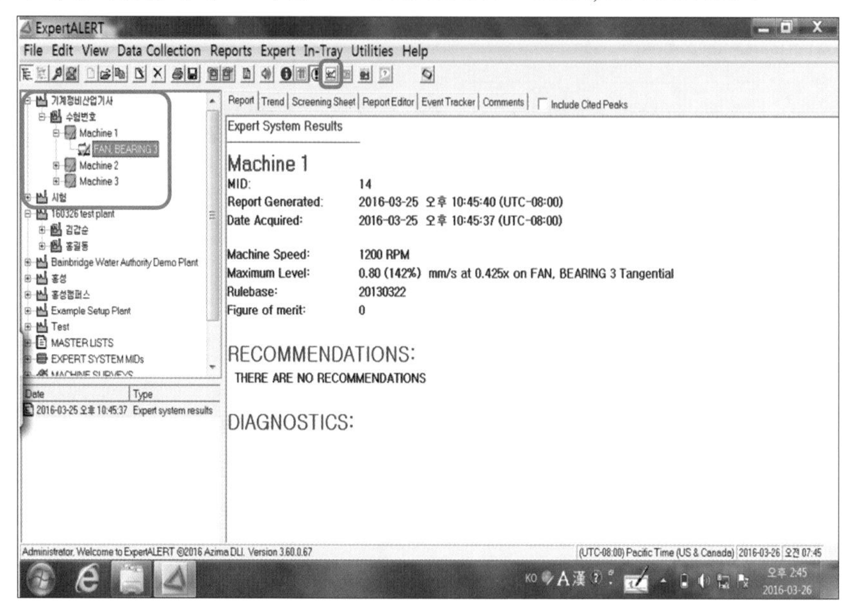

그래프 항목 선택

⑫ 그래프 아이콘을 누른 후 다음과 같은 화면이 보인다. Scale을 조정하여 최적의 형태로 보여야 하므로, 가장 높은 값을 기억해 둔다(사진상 약 1.5).
그래프 좌측의 'mm/s ms' 을 클릭하여 창을 띄운다.

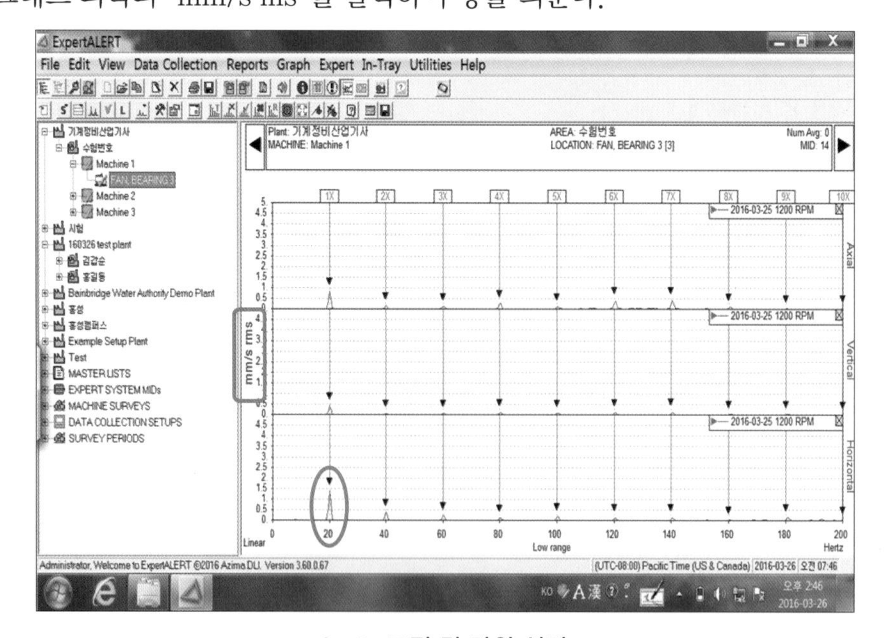

Scale 조정 및 단위 설정

⑬ 띄워진 창에서 'Scale'을 눌러서 Scale 탭에 진입한다. X축 Scale값은 건들지 않으며, 하단 Y축 Scale부분에서 Minimum은 0으로, Maximum은 최대 측정값을 올림하여 작성한다.

예 1.5 → 2 / 5.4 → 6 or 7

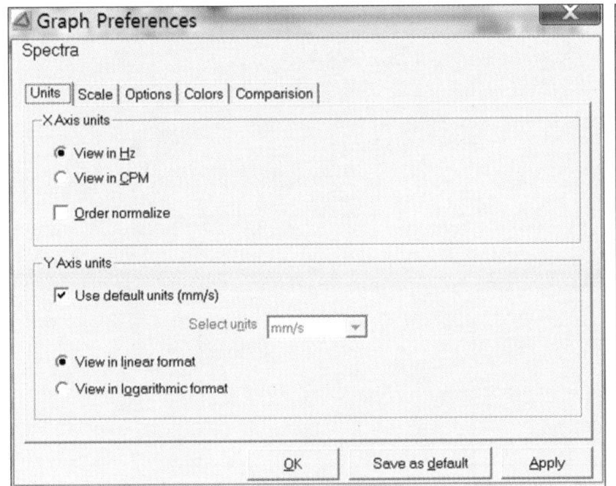

Scale 탭

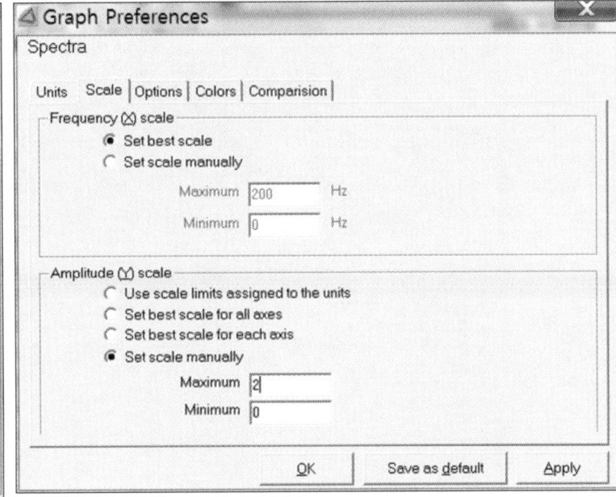

Y축 Minimum과 Maximum

⑭ 최상단 메뉴 중 좌측 'File'을 선택한 후 Print를 선택한다. 프린터 목록 중 해당 프린터 드라이브 'Samsung Universal Print Driver'를 선택한 후 '인쇄' 버튼을 눌러서 인쇄를 진행한다.

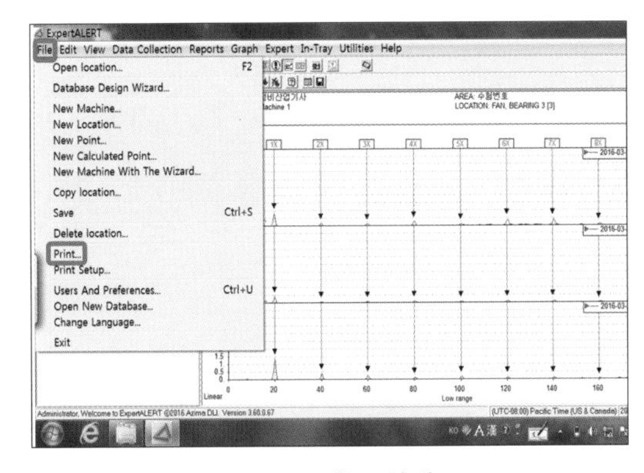

Print 메뉴 선택

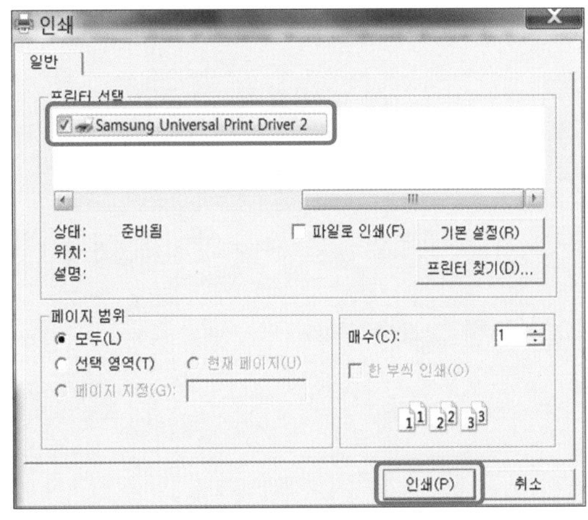

Print 선정

⑮ 프린터에서 정상적으로 인쇄물이 출력되었는지 확인한다. 만약 인쇄가 정상적으로 진행되지 않는다면 케이블을 확인한다.

⑯ 인쇄가 완료되면 좌측의 목록에서 다음 로케이션을 선택한다.

예 기계정비산업기사 – 비번호 – Machine 2 – FAN, BEARING3

위와 마찬가지로 인쇄 작업을 진행하여 남은 두 장을 인쇄한다.

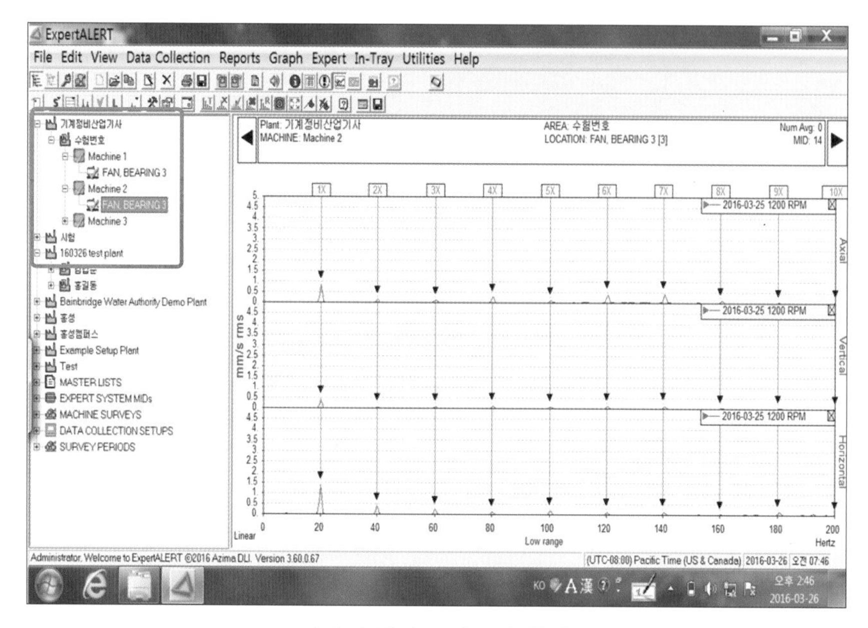

나머지 진단 스펙트럼 출력

⑰ 각 답안지에 비번호를 기재한 후 인쇄된 스펙트럼은 1번 기계는 3-1 답안지에, 2번 기계는 3-2 답안지에, 3번 기계는 3-3 답안지에 풀을 사용하여 부착한다.

⑱ 각 스펙트럼을 보고 답안지에 해당 내용을 기재한 후 제출한다.

⑲ 주변을 정리한다.

2 AZIMA CX-10(국내 대아기기(주)) 회전기계 답지 작성법 예

(1) 3-1 회전기계 답지 작성법

① 축 방향(A)의 속도가 제일 크므로 상태는 축 오정렬 상태라고 기재한다.

② 회전속도(RPM)는 다음 그림과 같으므로 1200RPM이라고 기재한다.

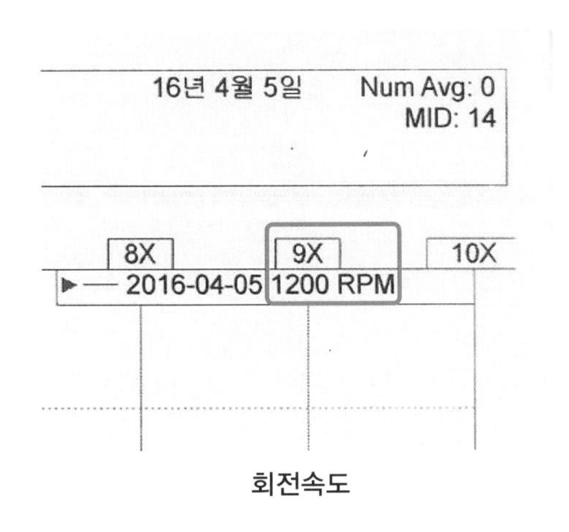

회전속도

③ 수평 방향(H)과 수직 방향(V)의 주요 성분은 미미하므로 없음으로 기재한다.

④ 축 방향(A)은 1X와 2X가 확실하고 크게 나타났으므로 1X, 2X라고 기재한다.

⑤ 주파수는 수평 방향(H)과 수직 방향(V)은 없음, 축 방향(A)은 20Hz, 40Hz로 기재한다.

3-1 진동 스펙트럼

상태	축 오정렬 상태
회전속도(RPM)	1200RPM

측정 위치(방향)	주요 성분(없음, 1X, 2X, 3X 등)	주파수*
수평 방향(H)	없음	없음
수직 방향(V)	없음	없음
축 방향(A)	1X, 2X	20Hz, 40Hz

* 주파수 : 없음 또는 단위를 포함한 주파수값을 기입
(주요 성분이 여러 개일 경우, 각각의 주파수를 모두 기입)

[스펙트럼 출력물 부착란]

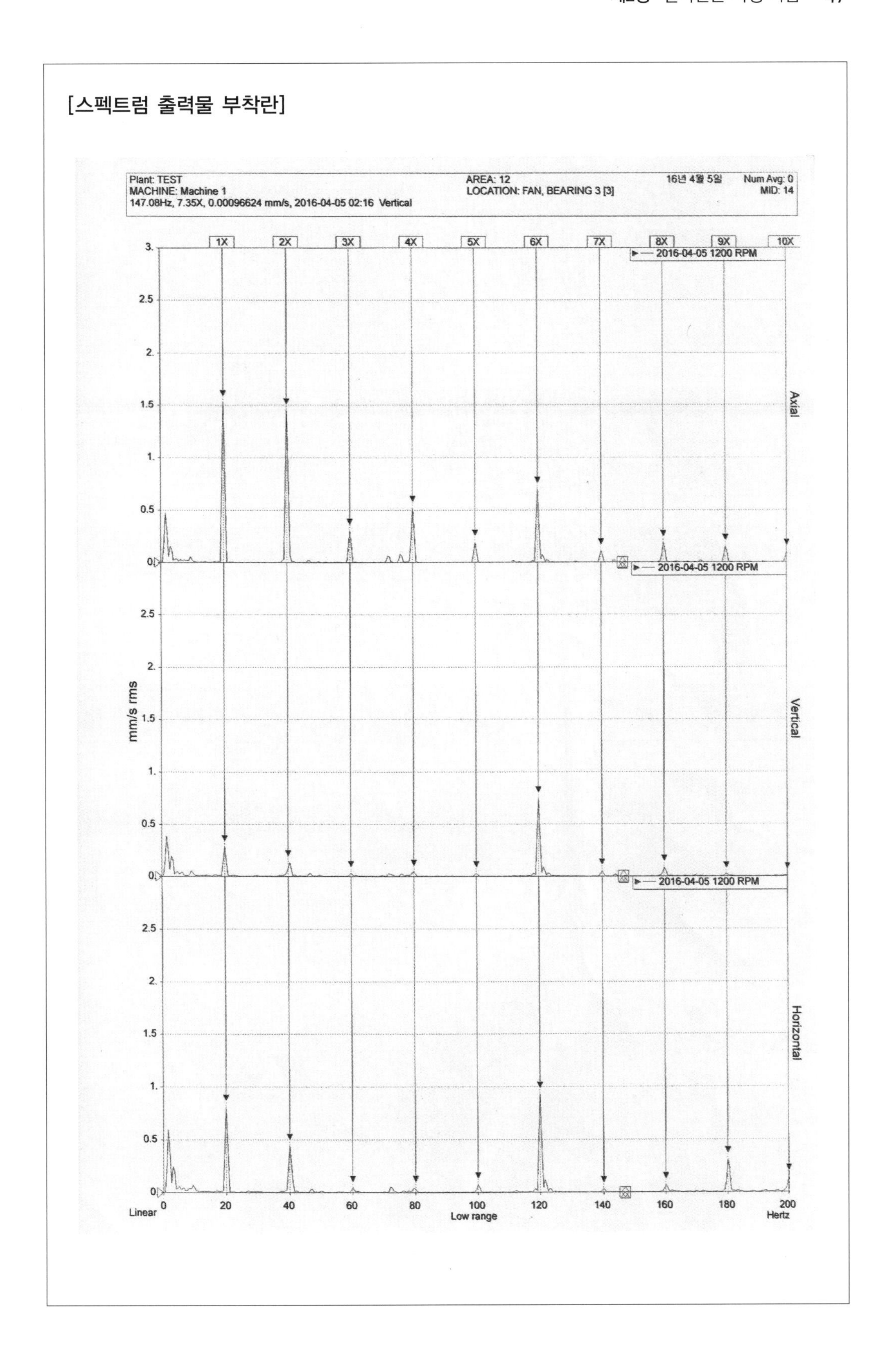
Plant: TEST
MACHINE: Machine 1
147.08Hz, 7.35X, 0.00096624 mm/s, 2016-04-05 02:16 Vertical
AREA: 12
LOCATION: FAN, BEARING 3 [3]
16년 4월 5일
Num Avg: 0
MID: 14
1X
2X
3X
4X
5X
6X
7X
8X
9X
10X
2016-04-05 1200 RPM
Axial
Vertical
Horizontal
mm/s rms
Linear
Low range
Hertz

(2) 3-2 회전기계 답지 작성법

① 수평 방향(H), 수직 방향(V), 축 방향(A) 세 방향의 속도가 미미하므로 상태는 정상 상태라고 기재한다.
② 회전속도(RPM)는 앞의 3-1과 같이 1200RPM이라고 기재한다.
③ 주요 성분은 미미하므로 세 방향 모두 없음으로 기재한다.
④ 주파수도 세 방향 모두 없음으로 기재한다.

3-2 진동 스펙트럼

상태	정상 상태
회전속도(RPM)	1200RPM

측정 위치(방향)	주요 성분(없음, 1X, 2X, 3X 등)	주파수*
수평 방향(H)	없음	없음
수직 방향(V)	없음	없음
축 방향(A)	없음	없음

* 주파수 : 없음 또는 단위를 포함한 주파수값을 기입
(주요 성분이 여러 개일 경우, 각각의 주파수를 모두 기입)

[스펙트럼 출력물 부착란]

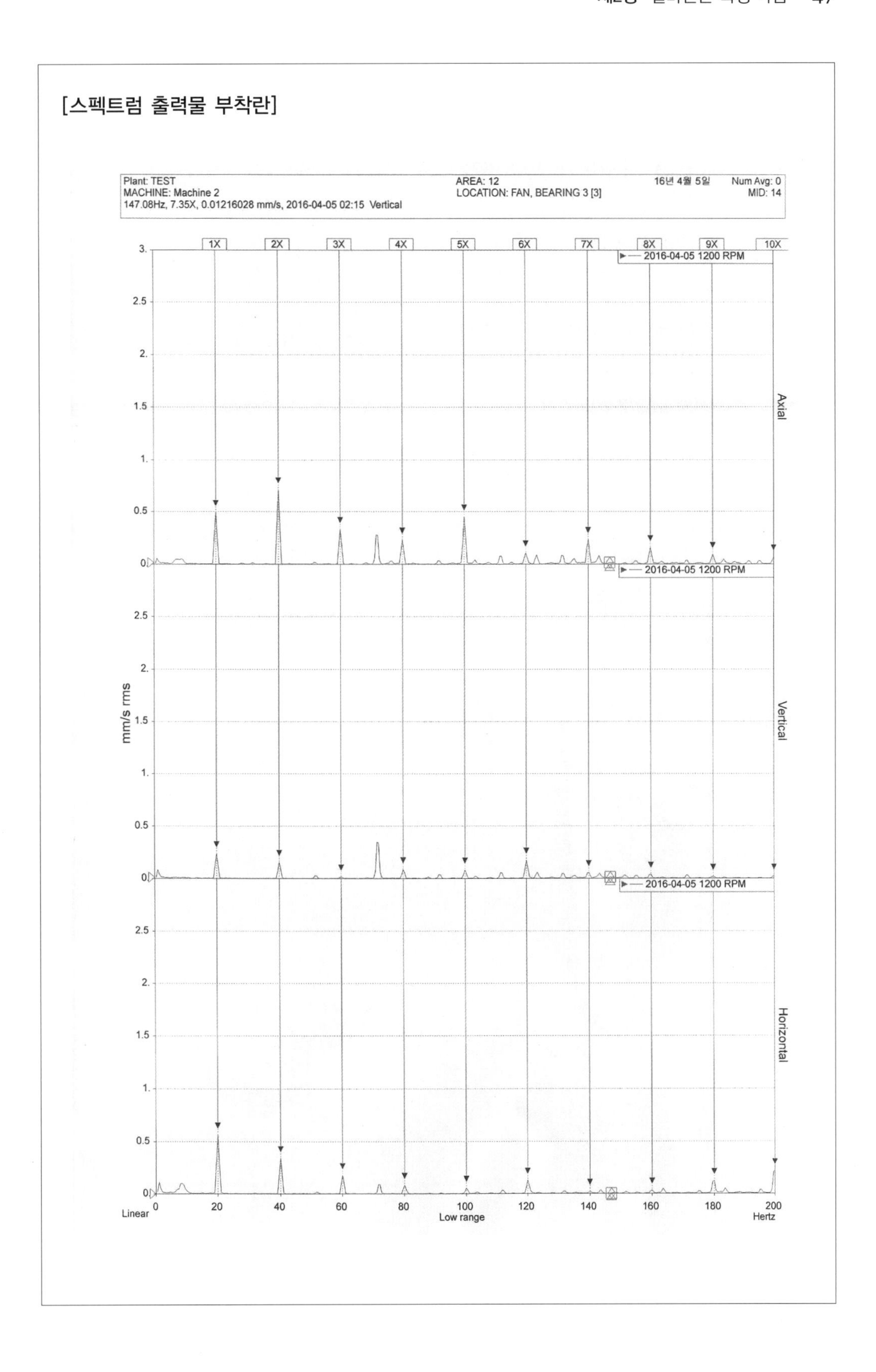
Plant: TEST
MACHINE: Machine 2
147.08Hz, 7.35X, 0.01216028 mm/s, 2016-04-05 02:15 Vertical
AREA: 12
LOCATION: FAN, BEARING 3 [3]
16년 4월 5일
Num Avg: 0
MID: 14
1X
2X
3X
4X
5X
6X
7X
8X
9X
10X
2016-04-05 1200 RPM
Axial
Vertical
Horizontal
mm/s rms
Linear
Low range
Hertz

(3) 3–3 회전기계 답지 작성법

① 수평 방향(H)의 속도가 제일 크므로 질량 불평형이라고 기재한다.
② 회전속도(RPM)는 위의 3-1, 3-2와 같이 1200RPM이라고 기재한다.
③ 주요 성분은 수평 방향(H)만 1X이며, 수직 방향과 축 방향은 없음으로 기재한다.
④ 주파수도 수평 방향(H)만 20Hz로 하고, 수직 방향과 축 방향은 없음으로 기재한다.

3–3 진동 스펙트럼

상태	질량 불평형 상태
회전속도(RPM)	1200RPM

측정 위치(방향)	주요성분(없음, 1X, 2X, 3X 등)	주파수*
수평 방향(H)	1X	20Hz
수직 방향(V)	없음	없음
축 방향(A)	없음	없음

* 주파수 : 없음 또는 단위를 포함한 주파수값을 기입
(주요 성분이 여러 개일 경우, 각각의 주파수를 모두 기입)

[스펙트럼 출력물 부착란]

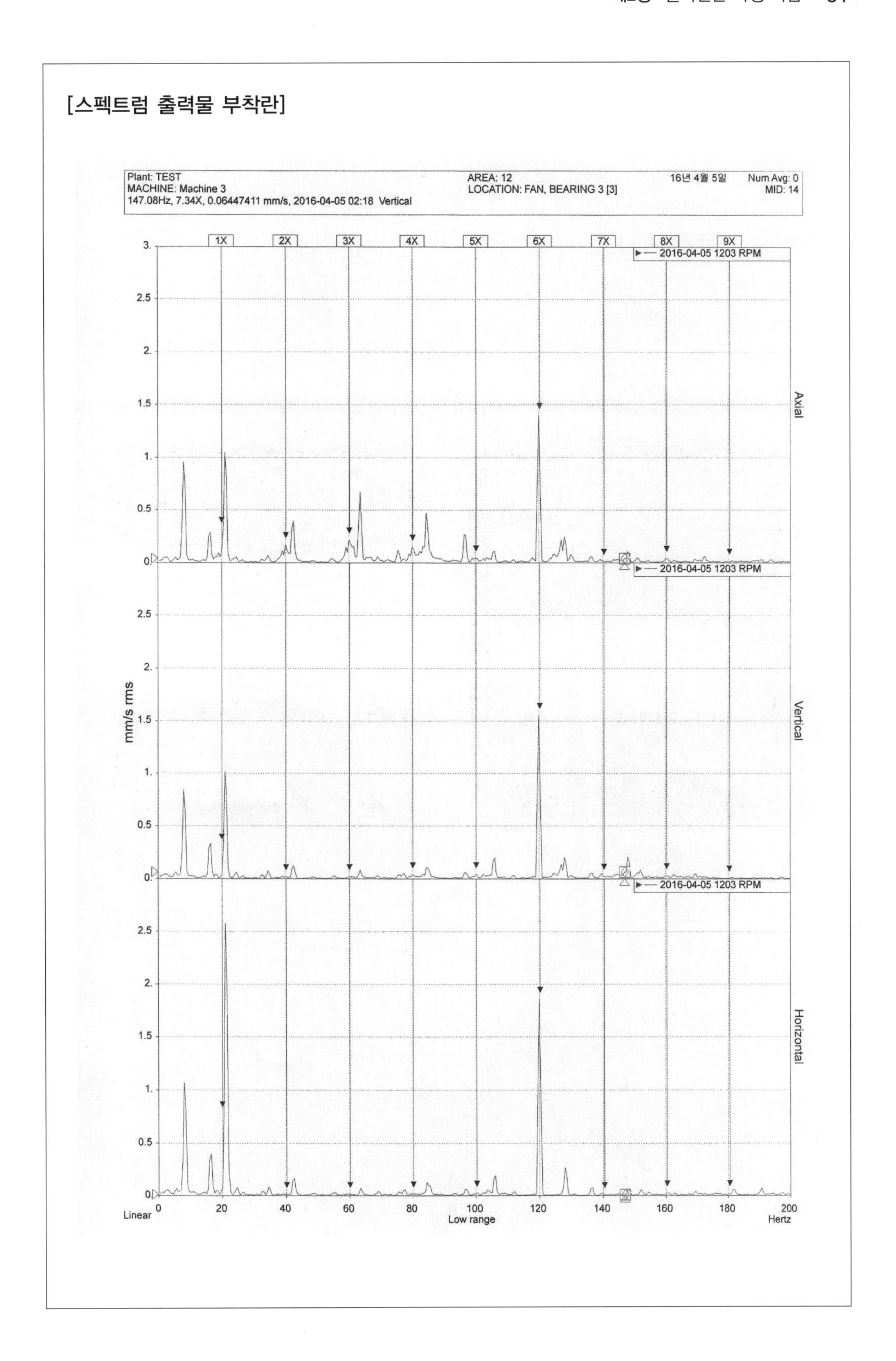
Plant: TEST
MACHINE: Machine 3
147.08Hz, 7.34X, 0.06447411 mm/s, 2016-04-05 02:18 Vertical
AREA: 12
LOCATION: FAN, BEARING 3 [3]
16년 4월 5일
Num Avg: 0
MID: 14
1X
2X
3X
4X
5X
6X
7X
8X
9X
2016-04-05 1203 RPM
Axial
Vertical
Horizontal
mm/s rms
Linear
Low range
Hertz

3 Infaith IP4000(국내 인페이스(주)) 측정 순서

(1) 장비 사용법

① 진동 측정 장비

(가) IN 1 ~ 4 : 4개의 센서를 통해 동시에 진동 데이터를 측정할 수 있으나 수평 방향은 IN 1, 수직 방향은 IN 2, 축 방향은 IN 3에 연결하며, 3축 센서를 사용할 경우 IN 2에 연결한다.

(나) TRIG : 속도 데이터를 측정할 경우 태코미터를 연결한다.

(다) USB : PC의 측정 프로그램과 통신한다.

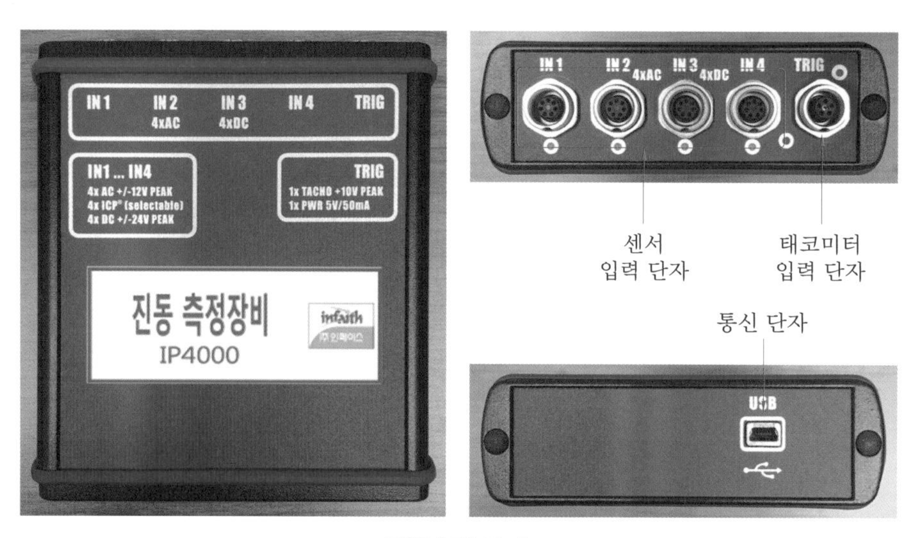

진동측정 장비

② 회전기계 진단장치

(가) 인버터 : 모터의 속도를 제어한다.

(나) 회전수 표시기 : 태코미터를 통해 측정된 실제 회전수를 표시하며, 인버터의 지시 회전수와 약간의 차이가 있다.

(다) 보호 덮개 : 측정자의 안전을 위한 장치로 덮개에 있는 마그네틱 센서와 진단장치 아래 면에 있는 센서가 떨어져 있으면 모터가 동작하지 않도록 되어 있다.

(라) 로터 : 볼트와 와셔를 사용하여 회전기계 진단장치의 질량 불평형 등의 결함을 만들거나 정상 상태로 변환시킬 수 있다.

(마) 잭 볼트 : 잭 볼트를 잠그거나 풀어서 회전기계 진단장치의 축 오정렬 등의 결함을 만들거나 정상 상태로 변환시킬 수 있다. 단, 잭 볼트를 사용할 때에는 정렬 T형 핀이 로터베이스에서 분리되어 있어야 한다.

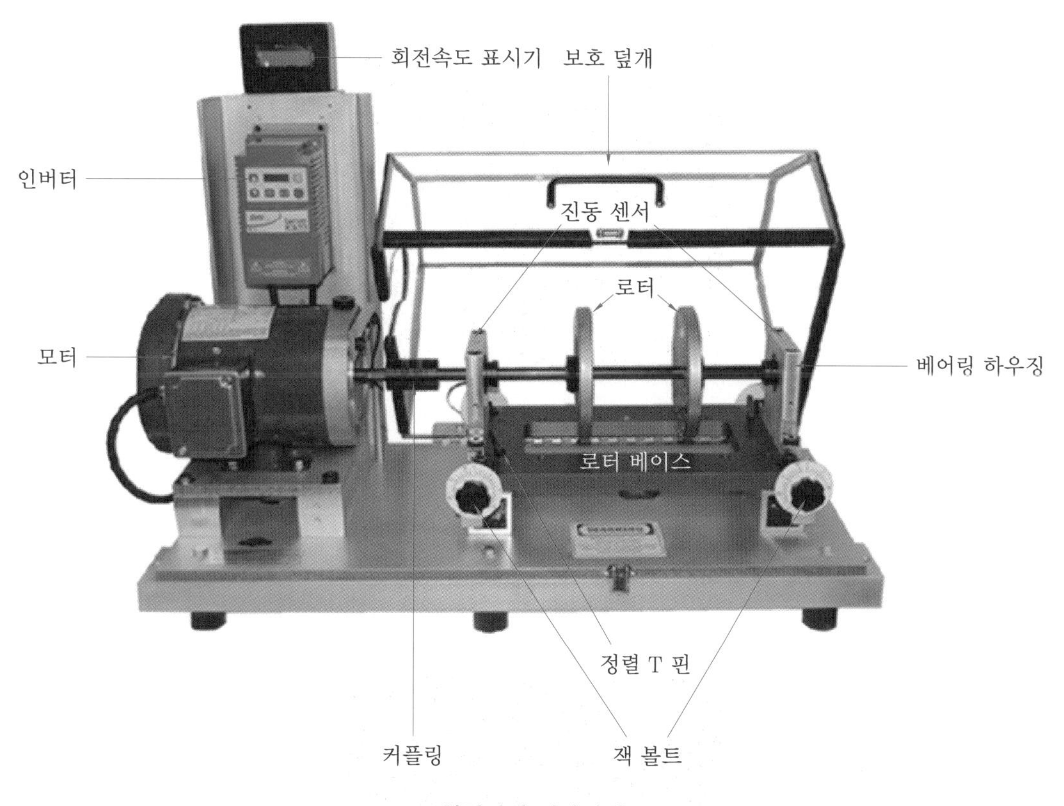

회전기계 진단장치

(2) 진동 측정

① 프로그램 실행

▶ PC 바탕화면에 있는 '진동측정 및 분석시스템' 아이콘을 더블 클릭한다.

시스템 선택

▶ 센서 설정 : 메인 화면 하단의 'Sensors' 아이콘을 클릭한다.

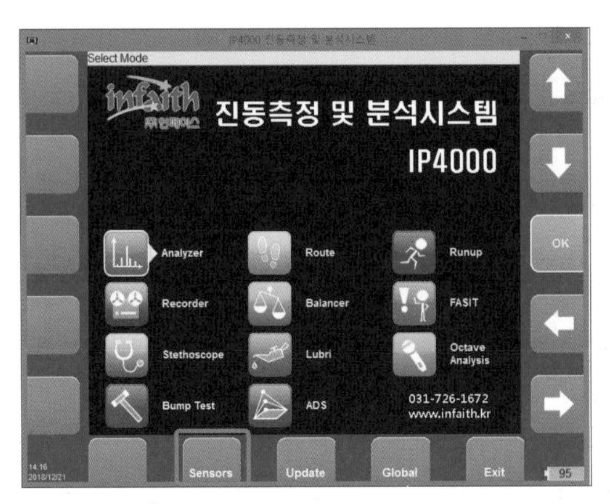

센서 선택 아이콘 설정

① 'AC 1' 을 클릭하여 AC 1에서 진동 측정 장비의 IN 1에 사용될 센서를 설정한다.

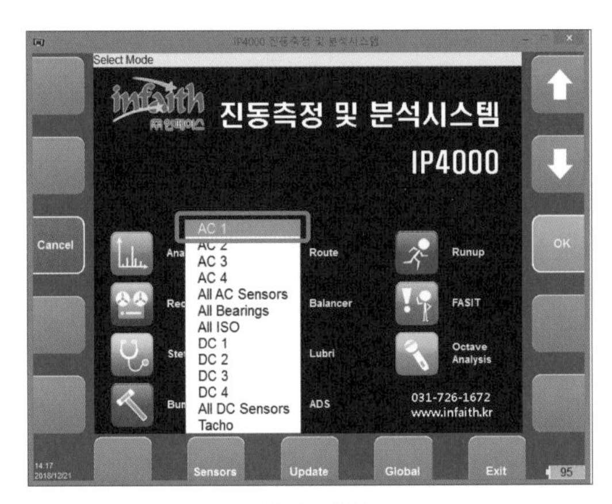

센서 설정

② AC 2는 IN 2, AC 3는 IN 3로 설정한다.

③ 센서 타입을 설정한 후 'Save'를 클릭한다.

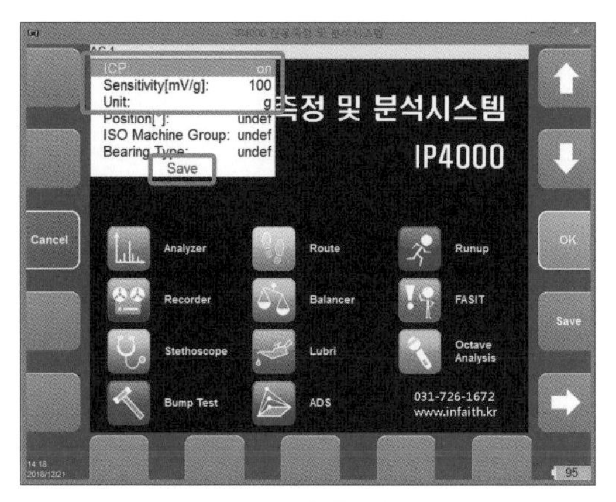

센서 선택 후 저장

④ 회전기계 진단장치에 부착된 센서의 타입을 설정한다. 이때 ICP는 진동 센서에 전원공급을 하기 위해 on으로 선택한다.

⑤ Sensitivity[mV/g](센서의 감도)는 100mV/g일 경우 100으로, 진동 센서의 단위인 Unit는 가속도 센서일 경우 g으로 선택한다.

⑥ 수평 방향, 수직 방향, 축 방향 혹은 X, Y, Z 방향을 측정하기 위해서 'AC 2', 'AC 3'를 'AC 1'과 동일하게 설정한다.

② Project 만들기

▶ 메인화면에서 'Analyzer' 아이콘을 클릭하여 실행한다.

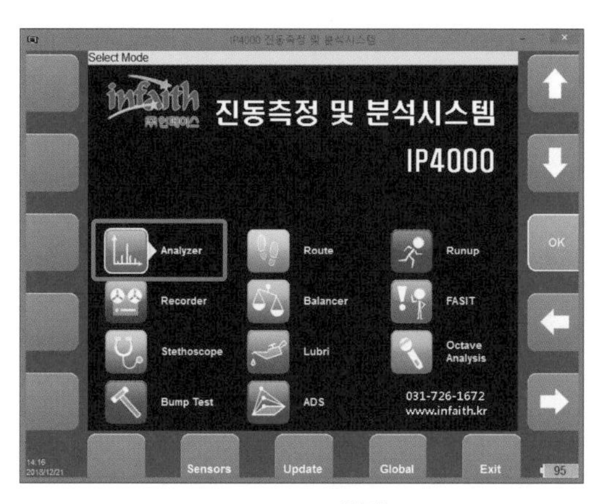

Analyzer 선택

▶ 하단에서 'Project' 아이콘을 클릭하여 실행한다.

Project 실행

▶ 'New Set' 을 클릭한다.

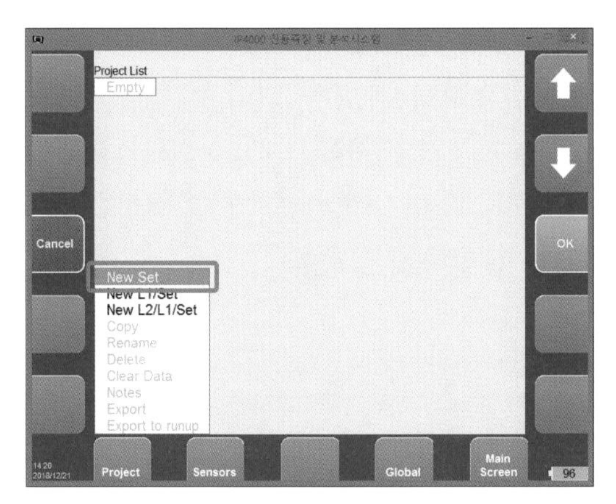

New Set 실행

▶ Project명(수검 번호)을 입력한 후 'OK' 아이콘을 클릭한다.

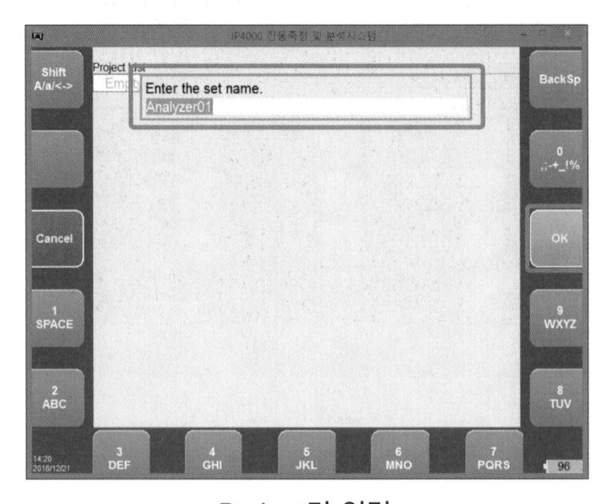

Project명 입력

▶ 생성된 Project를 선택한 후 더블 클릭 또는 'OK' 아이콘을 클릭한다.

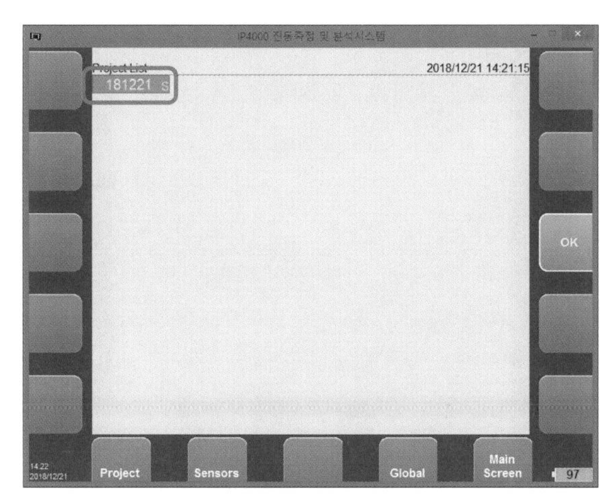

Project 선택

③ 측정항목(스펙트럼) 만들기

▶ 하단에서 'Meas' 아이콘을 클릭

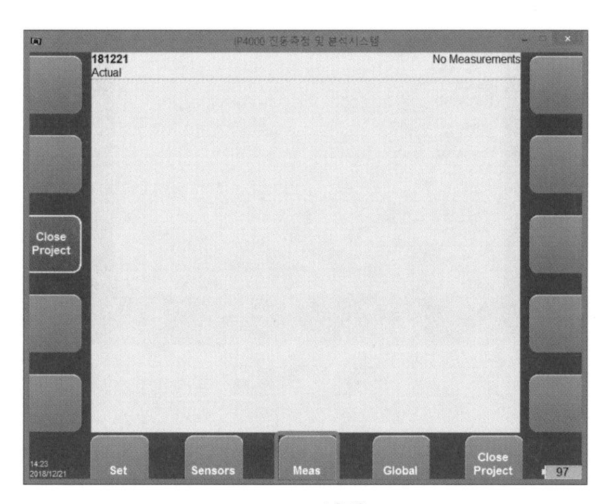

Meas 선택

▶ 'New Advanced' 를 클릭

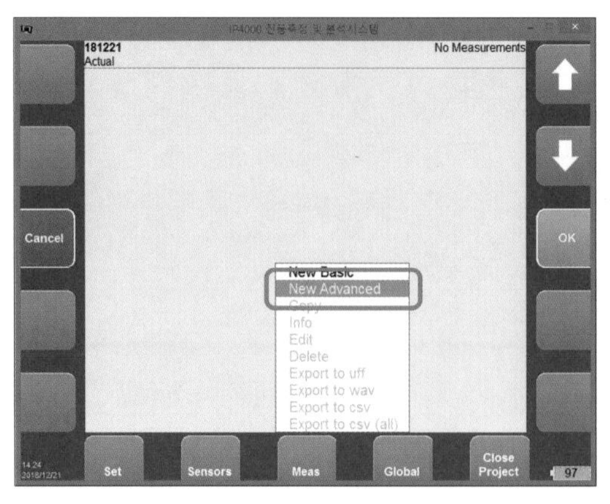

New Advanced 선택

▶ 측정할 항목 설정

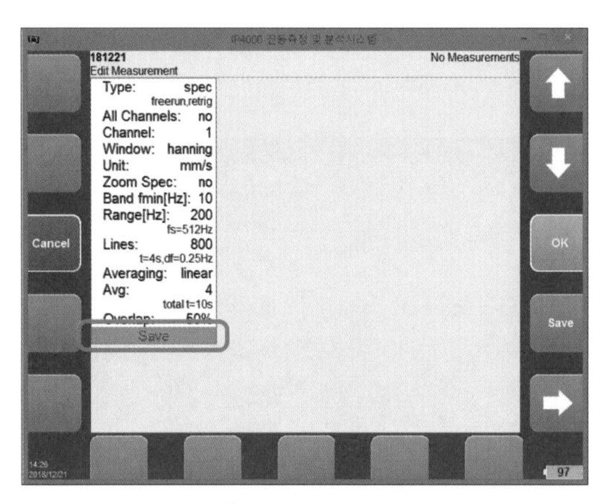

측정 항목 설정

① Type : 원하는 그래프 형태. 스펙트럼을 보기 위해 'spec' 선택

② Channel : 진동 측정 장비의 센서 입력 단자 선택(1=IN 1, 2=IN 2, 3=IN 3)

③ Window : 일반적으로 Hanning Window 사용

④ Unit : 진동 측정 단위. 속도 진동을 보기 위해 'mm/s' 선택

⑤ Band fmin[Hz] : 최소 주파수 범위 설정. '10' 선택 시 10Hz부터 표시

⑥ Range[Hz] : 최고 주파수 범위 설정. '200' 선택 시 200Hz 까지 표시

⑦ Lines : 스펙트럼에서 주파수 분해능 설정. 800으로 선택

⑧ Averaging : 일반적으로 'linear Averaging' 사용

⑨ Avg : Averaging 횟수. 4회로 선택

⑩ Overlap : 중첩 범위 설정. 50% 선택
⑪ 위 설정이 완료되면 반드시 'Save' 클릭하여 저장
⑫ Channel 1, 2, 3을 위와 같이 동일하게 설정 후 저장
⑬ 일반적으로 위에서부터 수평, 수직, 축 방향으로 배치

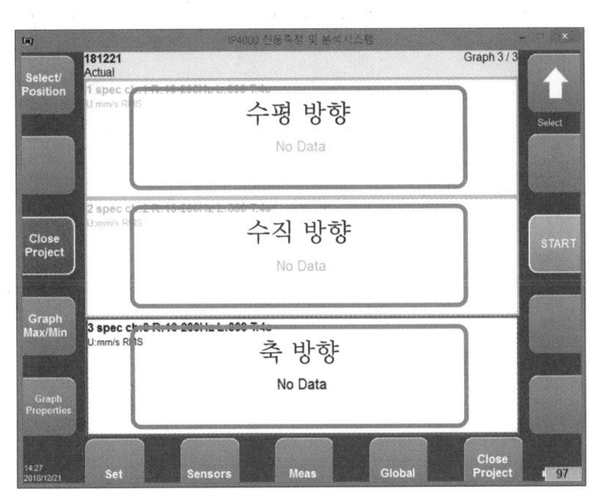

센서 설치 방향 위치

⑭ 3축 센서의 경우 센서 및 케이블의 종류에 따라 채널별 방향이 다를 수 있으므로 센서 및 케이블 제조사의 사양 확인이 필요하고, 센서의 부착 위치에 따라 수평, 수직 및 축 방향이 다르게 되므로 화면구성에 주의해야 한다.

④ 진동 측정

▶ 회전기계 진단장치의 보호 덮개를 완벽하게 덮는다.
▶ 인버터 왼쪽의 상하 버튼을 이용하여 모터의 회전속도를 설정한다. 회전속도는 Hz로 설정한다(Hz×60=RPM).

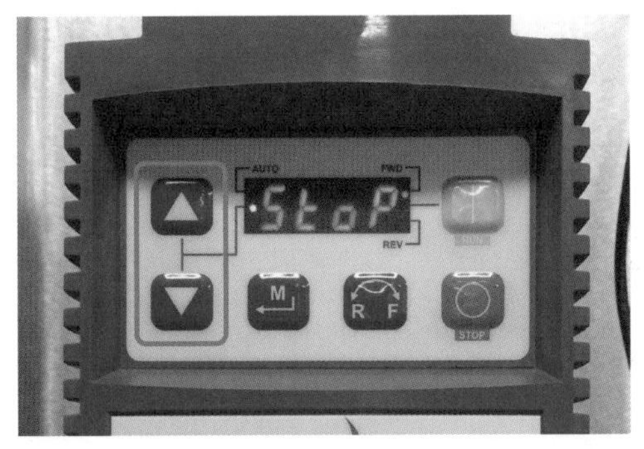

회전수 설정

▶ 인버터의 'RUN' 버튼을 눌러 모터를 동작시킨다.

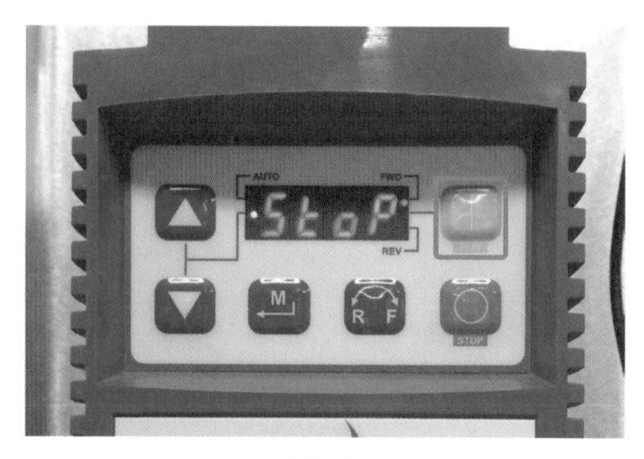

RUN

▶ 인버터 화면창의 문구가 'F.EF' 일 때 'STOP' 버튼을 눌러 화면창의 문구가 'STOP' 이 되도록 한 후 'RUN' 버튼을 눌러 모터가 동작하도록 한다. 보호 덮개가 열리면 모터는 강제 정지되고, 인버터 화면창의 문구가 'F.EF' 로 바뀌게 된다.

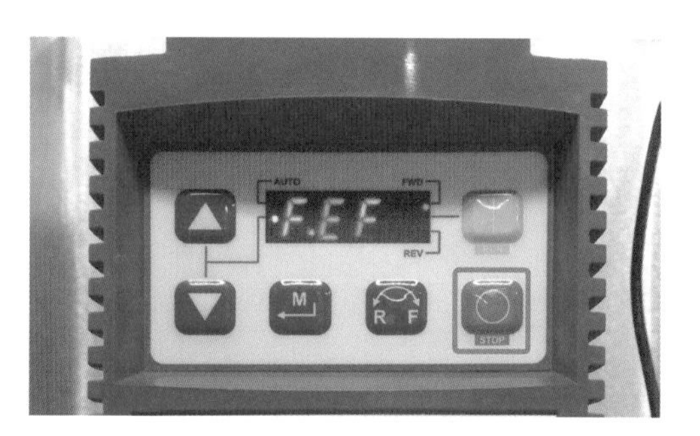

F.EF

▶ 진동 측정 및 분석 시스템의 'Start' 버튼을 클릭하여 측정을 시작한다.

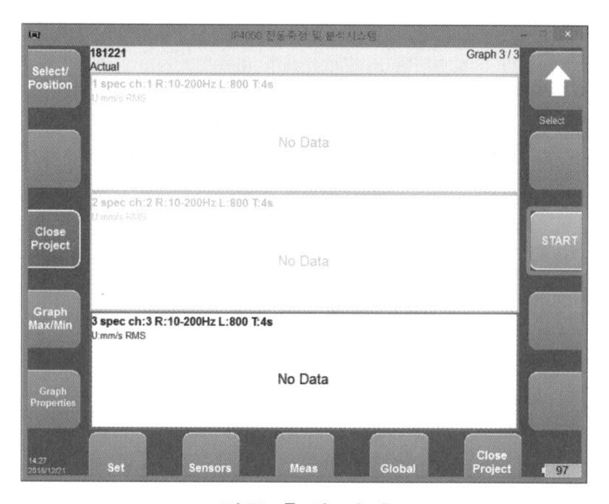

진동 측정 시작

▶ 스펙트럼의 변동이 심하지 않고 안정적이면 'Stop' 버튼을 클릭하여 측정을 종료한다.

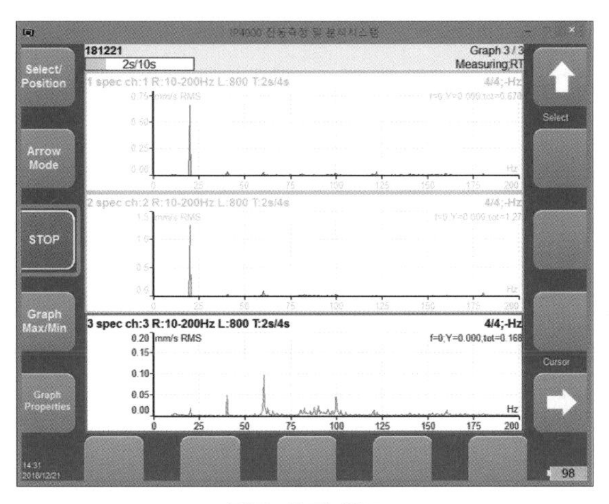

진동 측정 완료

⑤ 진동 데이터 분석

▶ 오른쪽 하단 좌우 버튼을 이용하여, 우선 모터 회전속도 성분인 1X를 찾고, 스펙트럼 그래프를 효과적으로 보기 위하여 Y축의 Scale을 조정하여 분석에 용이하도록 한다.

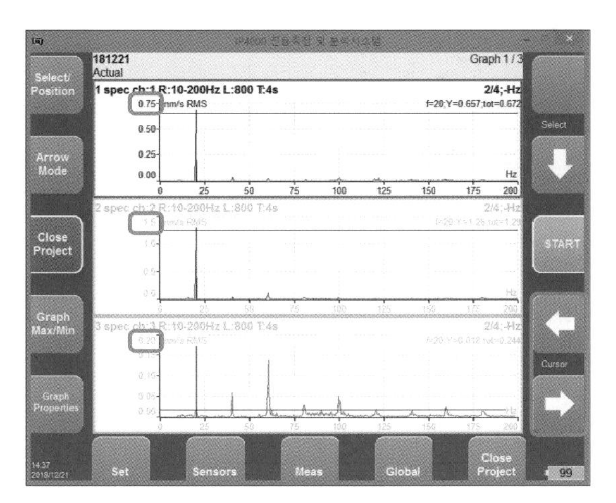

Scale 조정

▶ 수평, 수직, 축 방향의 Y축 Scale을 같은 범위로 일치시킨다.

① 방향별로 'Graph Propertics' 아이콘을 클릭한다.

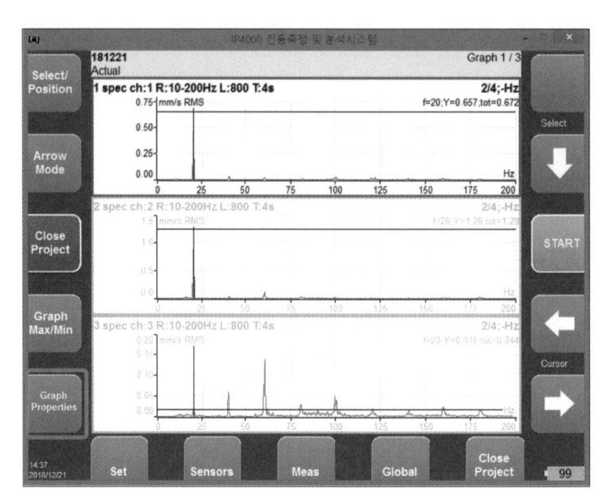

Graph Propertics

② 'Scale', 'User' 순으로 선택한다.

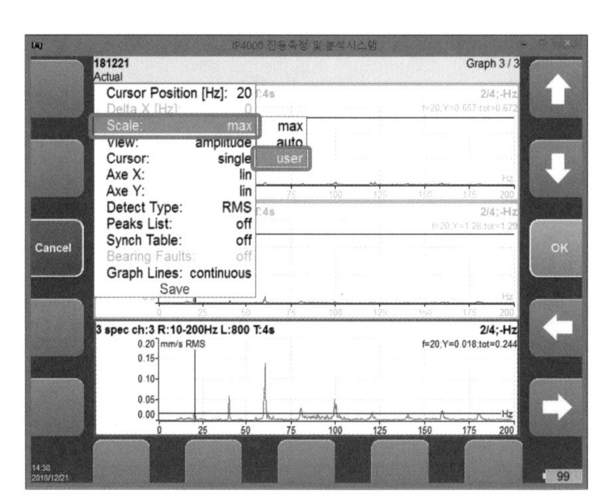

Scale – User 선택

▶ 스펙트럼 피크 성분 중에서 가장 큰 피크값보다 조금 더 큰 값으로 입력하고 세 방향의 Y축 Scale을 일치시킨다. (단, 주성분이 1X이고, Y축 Scale 값이 작을 경우 Y축 Scale 값을 '2' 정도로 일치시킨다.)

① 'OK' 아이콘을 클릭한다.

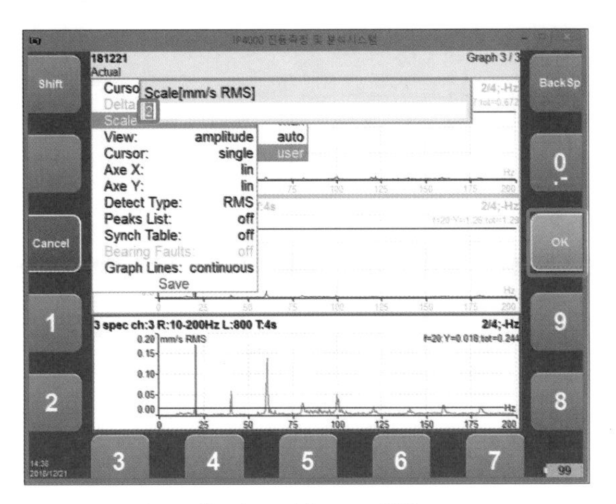

Scale – User – OK

② 수평, 수직 및 축 방향별로 적용하여 'Save'를 클릭한다.

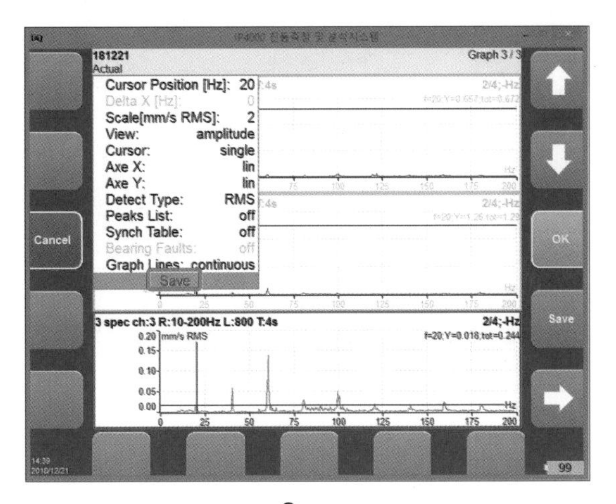

Save

▶ 커서의 형태를 조화파(harmonic)로 변경한다.

① 'Graph Propertics' 아이콘을 클릭한다.

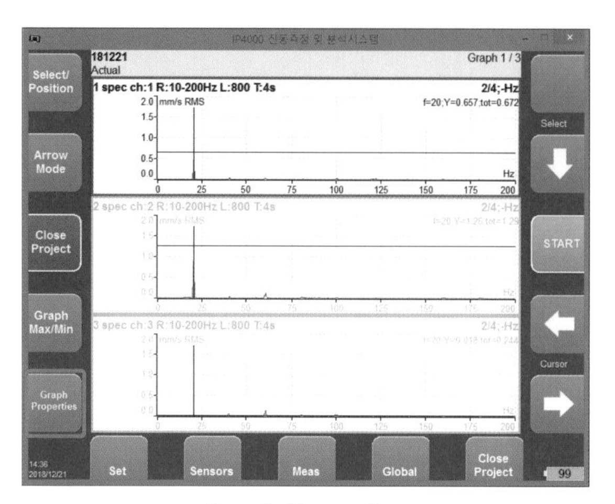

Graph Propertics

② 'Cursor' → 'harmonic' 을 선택한 후 'Save' 를 클릭한다.

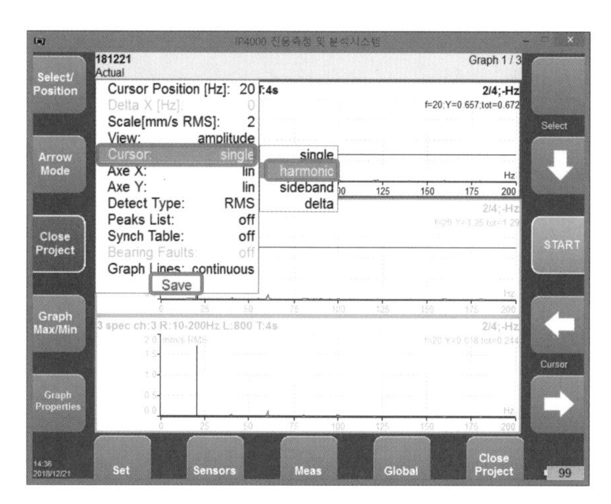

Harmonic

▶ 스펙트럼 그래프를 분석하여 정상 상태, 축 오정렬 상태, 질량 불평형 상태를 판단한다.

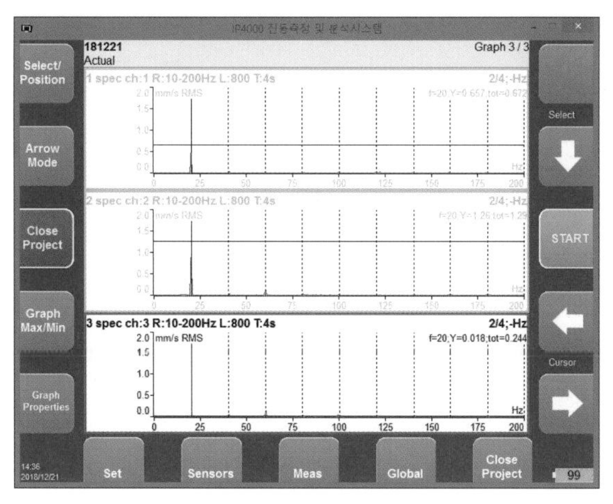

스펙트럼 그래프 분석

① 정상 상태 : 큰 피크 성분이 없거나 1X 값이 상당히 낮을 때
② 축 오정렬 상태 : 2X가 1X 보다 크거나 비슷하고 2X, 3X, 4X 등의 성분들이 나타날 때
③ 질량 불평형 상태 : 수평, 수직 방향의 1X 값이 높을 때

⑥ 스펙트럼 그래프 저장

▶ 결함 분석 완료 후 그래프를 저장한다.

① 하단에 있는 ‘Global’ 아이콘을 클릭한다.

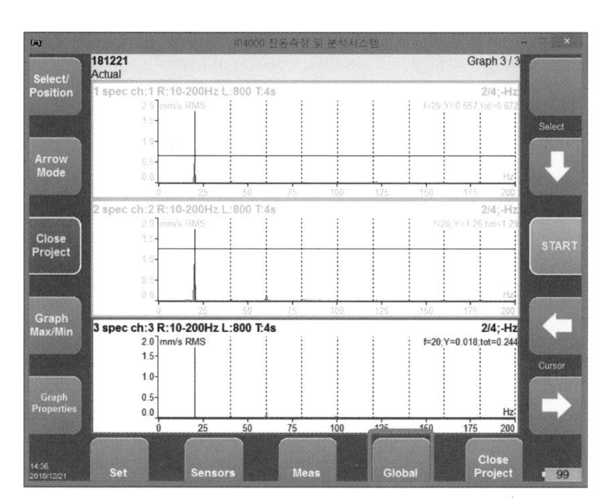

스펙트럼 그래프 저장

② 'Screenshot'을 선택한다.

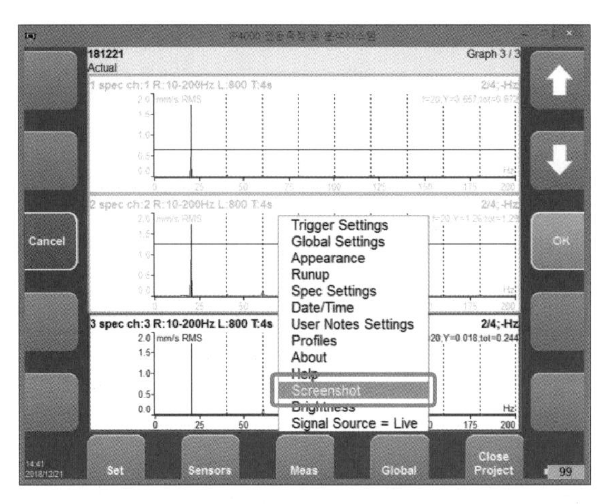

Screenshot

③ 'Enter the name'에 파일명을 기입한 후 'OK' 아이콘을 클릭한다. 자동으로 Project명과 날짜, 시간으로 만들어지며 필요할 때 변경할 수 있다.

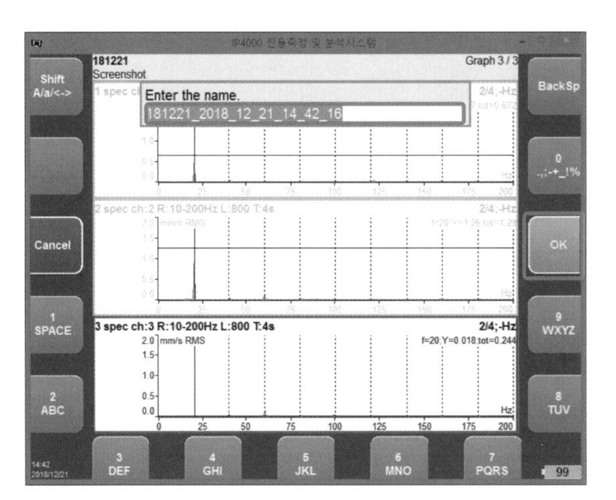

파일명 입력

④ 스펙트럼 그래프 이미지가 저장되었는지 화면을 통해 확인한다.

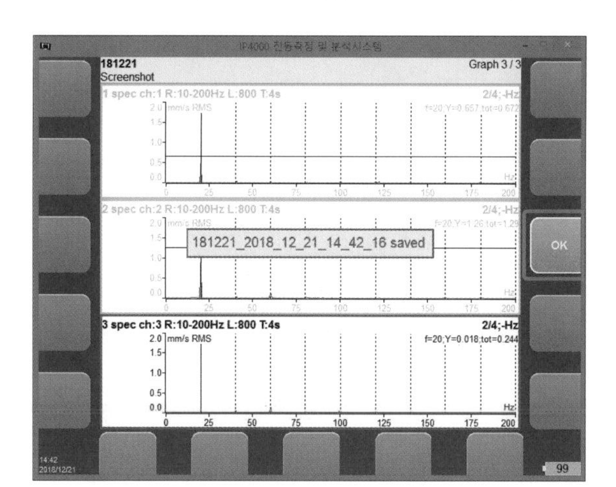

스펙트럼 그래프 이미지 저장

⑦ Project 닫기

▶ 진동 측정을 완료한 Project를 닫는다.
좌측 중간 또는 하단 오른쪽에 있는 'Close Project' 아이콘을 클릭한다.

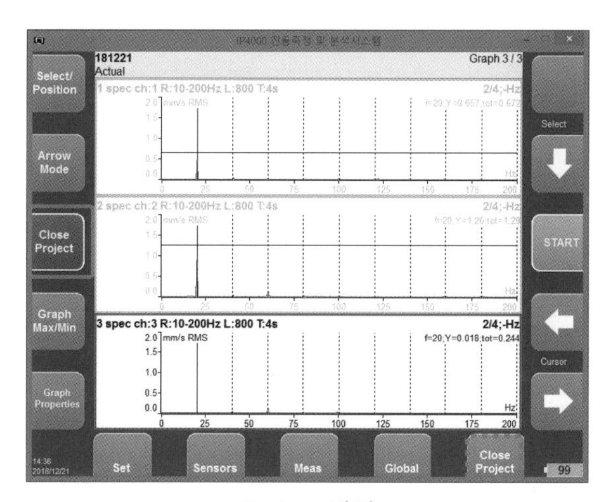

Project 닫기

▶ 진동 측정한 데이터를 저장할지 확인한다.
'No' 아이콘을 클릭한다. (향후 학습 및 추가 분석 목적으로 데이터를 다시 보고자 할 때는 'Yes' 아이콘을 클릭)

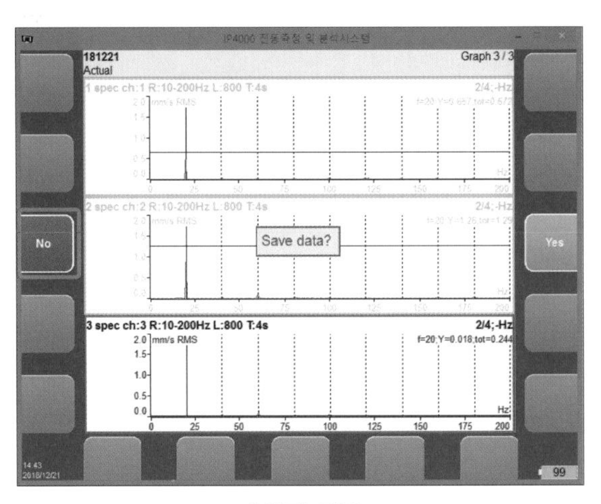

데이터 저장

▶ Project를 Export할 것인지를 확인한다.
'No' 아이콘을 클릭한다. (향후 학습 및 추가 분석 목적으로 데이터를 Export하고자 할 때는 'Yes' 아이콘을 클릭)

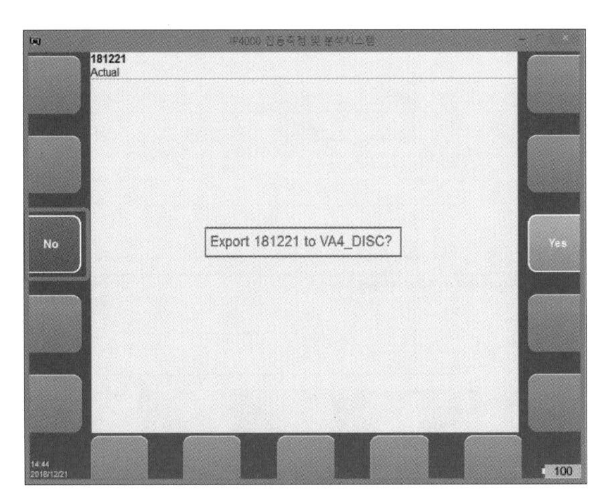

Project Export

⑧ 프로그램 종료

▶ 메인 화면으로 이동한다.
하단에 있는 'Main Screen' 아이콘을 클릭한다.

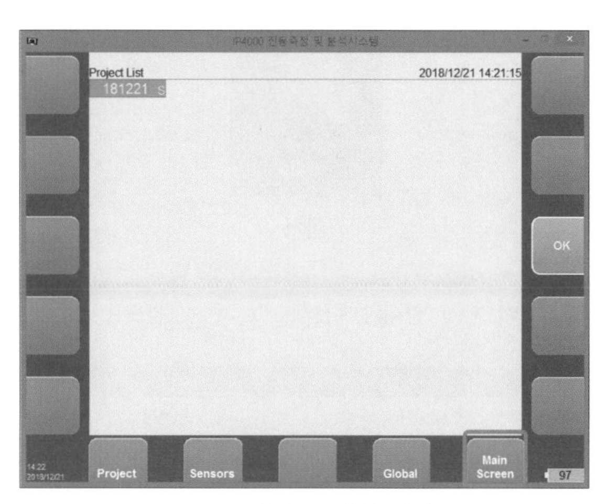

프로그램 종료 메인 화면

▶ 프로그램 종료하기
하단에 있는 'Exit' 아이콘을 클릭한다.

프로그램 종료

⑨ 저장 그래프 인쇄하기

▶ PC 바탕화면에 있는 '진동 측정 및 분석 시스템 캡처 그래프' 아이콘을 더블 클릭한다.

캡처

▶ 저장한 그래프를 불러들여 인쇄한다.

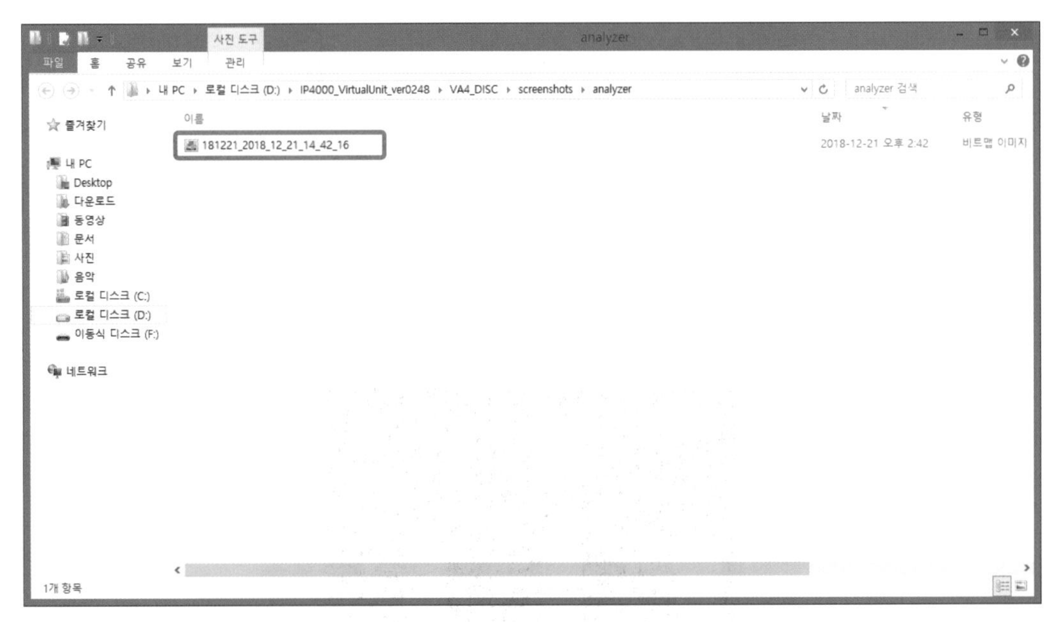

저장 그래프 파일

• 상단 메뉴에서 인쇄 → 인쇄를 선택한다.

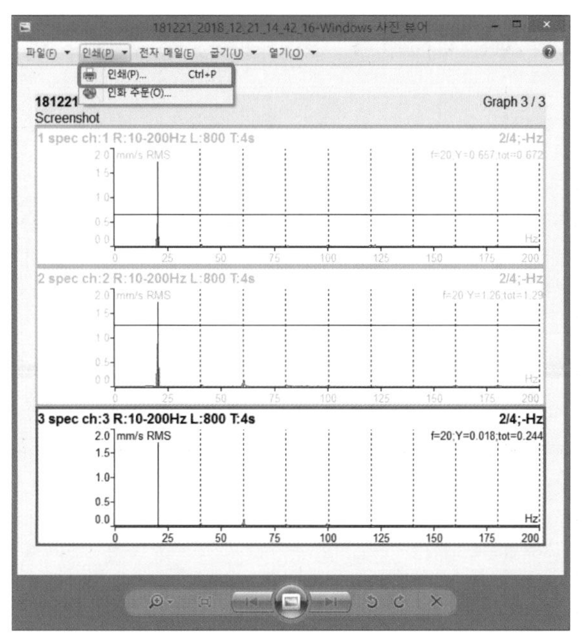

인쇄 선택

• 인쇄 창 하단에 '그림을 프레임에 맞춤' 체크를 해제한 후 인쇄한다.

1/1 페이지
20 x 25 cm.(1)
1
그림을 프레임에 맞춤(F)
옵션...
인쇄(P) 취소

인쇄

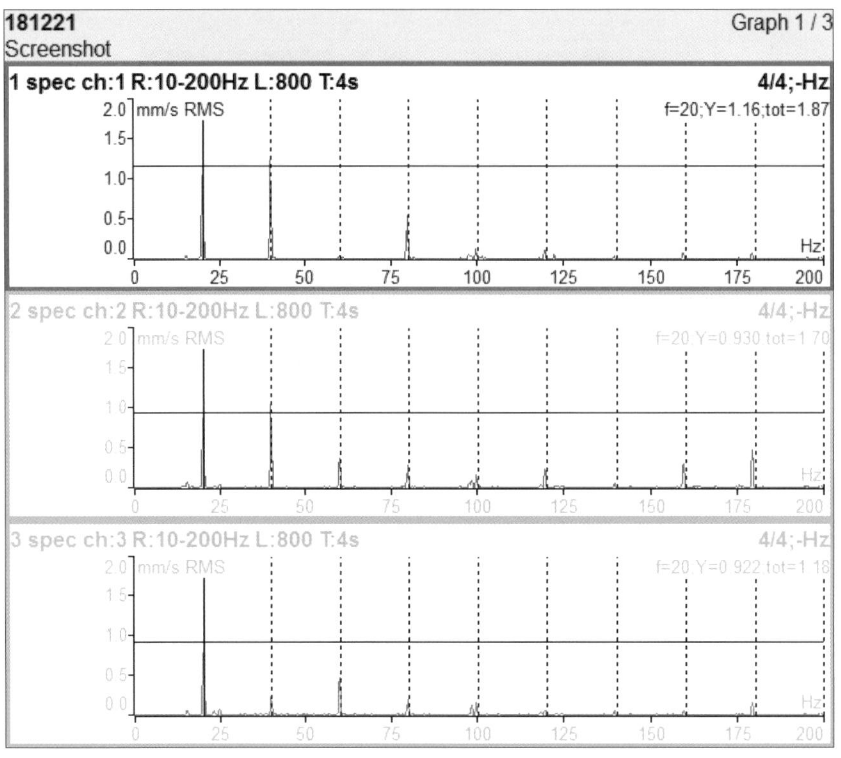
181221
Screenshot
Graph 1 / 3
1 spec ch:1 R:10-200Hz L:800 T:4s
4/4;-Hz
mm/s RMS
f=20;Y=1.16;tot=1.87
2 spec ch:2 R:10-200Hz L:800 T:4s
4/4;-Hz
mm/s RMS
f=20;Y=0.930;tot=1.70
3 spec ch:3 R:10-200Hz L:800 T:4s
4/4;-Hz
mm/s RMS
f=20;Y=0.922;tot=1.18
Hz

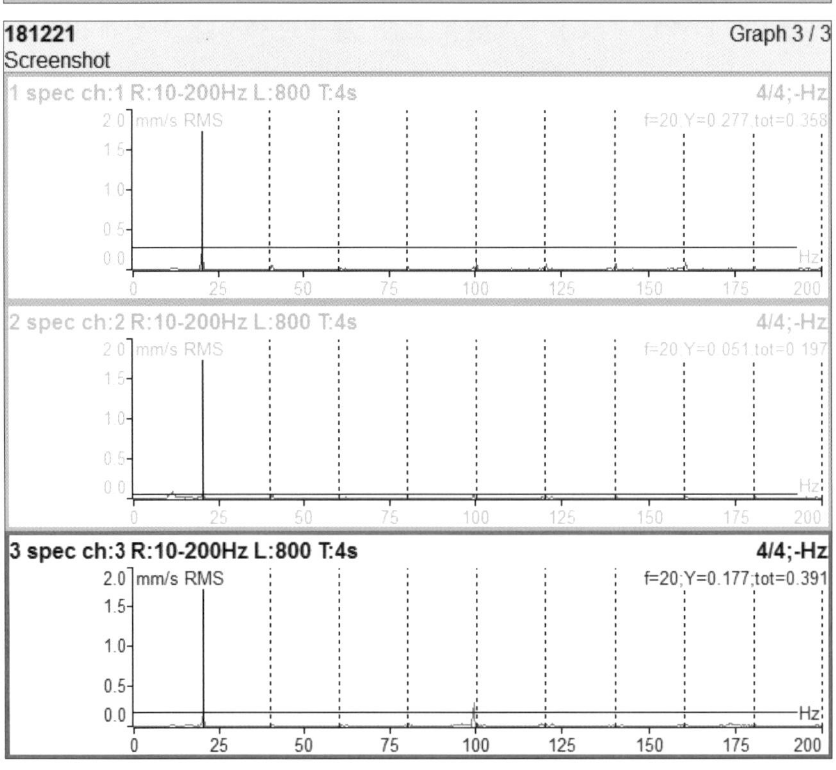
181221
Screenshot
Graph 3 / 3
1 spec ch:1 R:10-200Hz L:800 T:4s
4/4;-Hz
mm/s RMS
f=20;Y=0.277;tot=0.358
2 spec ch:2 R:10-200Hz L:800 T:4s
4/4;-Hz
mm/s RMS
f=20;Y=0.051;tot=0.197
3 spec ch:3 R:10-200Hz L:800 T:4s
4/4;-Hz
mm/s RMS
f=20;Y=0.177;tot=0.391
Hz

⑩ 정상 상태, 축 오정렬 상태, 질량 불평형 상태 등 3가지의 그래프를 인쇄하여 해당 답안지 뒷면에 서로 바뀌지 않도록 부착한다.

주의 진동 측정을 실시한 회전기계 진단장치와 출력한 그래프가 반드시 일치해야 한다.

4 Infaith IP4000(국내 인페이스(주)) 회전기계 답지 작성법 예

(1) 3-1 회전기계 답지 작성법

① 상태는 축 오정열 상태라고 기재한다. 질량 불평형은 1X로만 나타나고 축 오정렬 상태는 1X, 1X와 2X 등으로 보여지므로 이 스펙트럼은 축 오정열 상태이다.

② 회전속도(RPM)는 1200RPM이라고 기재한다.

③ 주요 성분은 수평(H)은 1X 2X, 수직(V)은 1X 2X, 축(A) 방향은 1X로 기재한다.

④ 주파수는 수평(H)은 1X 2X이므로 20Hz, 40Hz, 수직(V)도 1X 2X이므로 20Hz, 40Hz, 축(A) 방향은 1X이므로 20Hz로 기재한다.

3-1 진동 스펙트럼

상태	축 오정렬 상태
회전속도(RPM)	1200RPM

측정 위치(방향)	주요 성분(없음, 1X, 2X, 3X 등)	주파수*
수평 방향(H)	1X, 2X	20Hz, 40Hz
수직 방향(V)	1X, 2X	20Hz, 40Hz
축 방향(A)	1X	20Hz

* 주파수 : 없음 또는 단위를 포함한 주파수값을 기입
(주요 성분이 여러 개일 경우, 각각의 주파수를 모두 기입)

[스펙트럼 출력물 부착란]

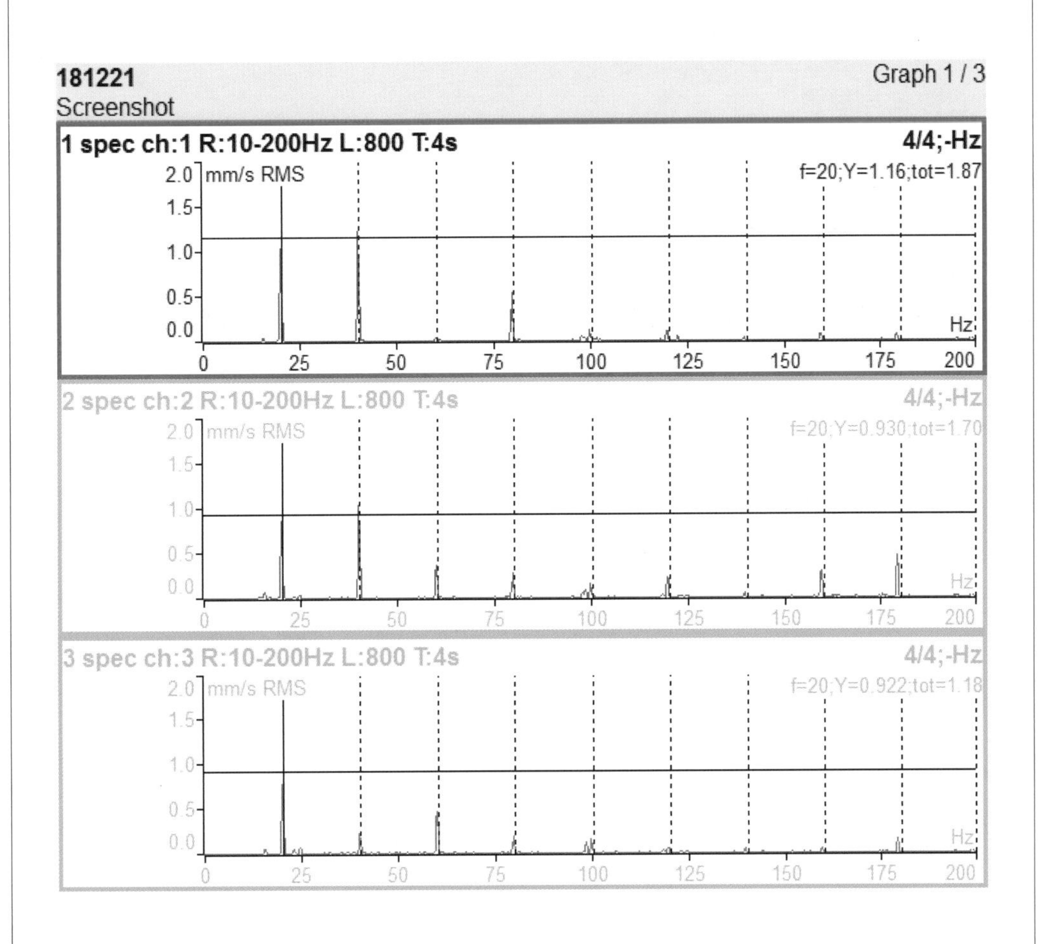
181221
Screenshot
Graph 1 / 3
1 spec ch:1 R:10-200Hz L:800 T:4s
4/4;-Hz
f=20;Y=1.16;tot=1.87
mm/s RMS
2 spec ch:2 R:10-200Hz L:800 T:4s
4/4;-Hz
f=20;Y=0.930;tot=1.70
3 spec ch:3 R:10-200Hz L:800 T:4s
4/4;-Hz
f=20;Y=0.922;tot=1.18
Hz

(2) 3-2 회전기계 답지 작성법

① Horizontal(수평), Vertical(수직), Axial(축) 세 방향의 진동값이 미미하므로 상태는 정상 상태라고 기재한다.

② 회전속도(RPM)는 위의 3-1과 같이 1200RPM이라고 기재한다.

③ 주요 성분은 미미하므로 세 방향 모두 없음으로 기재한다.

④ 주파수도 세 방향 모두 없음으로 기재한다.

3-2 진동 스펙트럼

상태	정상 상태
회전속도(RPM)	1200RPM

측정 위치(방향)	주요 성분(없음, 1X, 2X, 3X 등)	주파수*
수평 방향(H)	없음	없음
수직 방향(V)	없음	없음
축 방향(A)	없음	없음

* 주파수 : 없음 또는 단위를 포함한 주파수값을 기입
(주요 성분이 여러 개일 경우, 각각의 주파수를 모두 기입)

[스펙트럼 출력물 부착란]

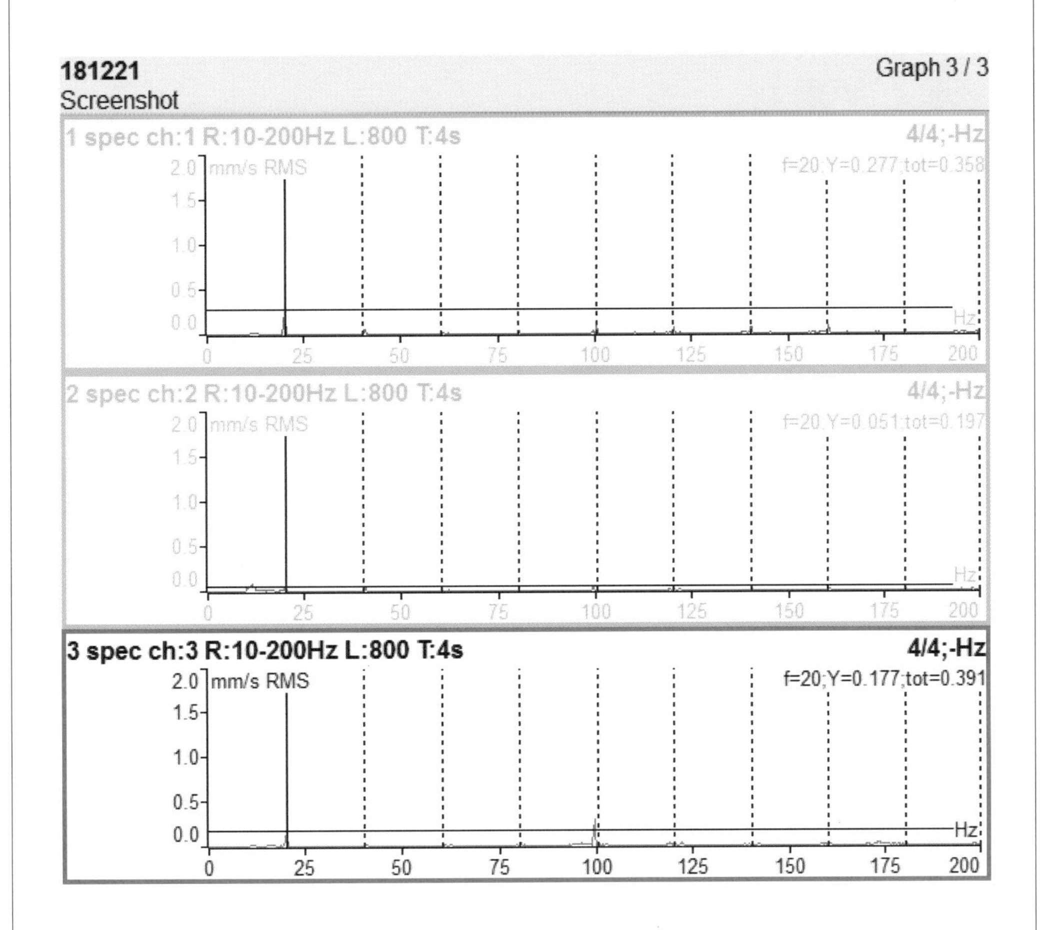
181221
Screenshot
Graph 3 / 3
1 spec ch:1 R:10-200Hz L:800 T:4s
4/4;-Hz
f=20;Y=0.277;tot=0.358
mm/s RMS
2 spec ch:2 R:10-200Hz L:800 T:4s
4/4;-Hz
f=20;Y=0.051;tot=0.197
mm/s RMS
3 spec ch:3 R:10-200Hz L:800 T:4s
4/4;-Hz
f=20;Y=0.177;tot=0.391
mm/s RMS
Hz

(3) 3–3 회전기계 답지 작성법

① Horizontal(수평), Vertical(수직) 방향의 1X 속도 진동값이 크고 1X이므로 질량 불평형 상태라고 기재한다.

② 회전속도(rpm)는 앞의 3-1, 3-2와 같이 1200RPM이라고 기재한다.

③ 주요 성분은 수평 방향(H), 수직 방향(V)은 1X이며, 축 방향은 없음으로 기재한다.

④ 주파수도 수평 방향(H), 수직 방향(V)은 20Hz, 축 방향은 없음으로 기재한다.

3–3 진동 스펙트럼

상태	질량 불평형 상태
회전속도(RPM)	1200RPM

측정 위치(방향)	주요 성분(없음, 1X, 2X, 3X 등)	주파수*
수평 방향(H)	1X	20Hz
수직 방향(V)	1X	20Hz
축 방향(A)	없음	없음

* 주파수 : 없음 또는 단위를 포함한 주파수값을 기입
(주요 성분이 여러 개일 경우, 각각의 주파수를 모두 기입)

[스펙트럼 출력물 부착란]

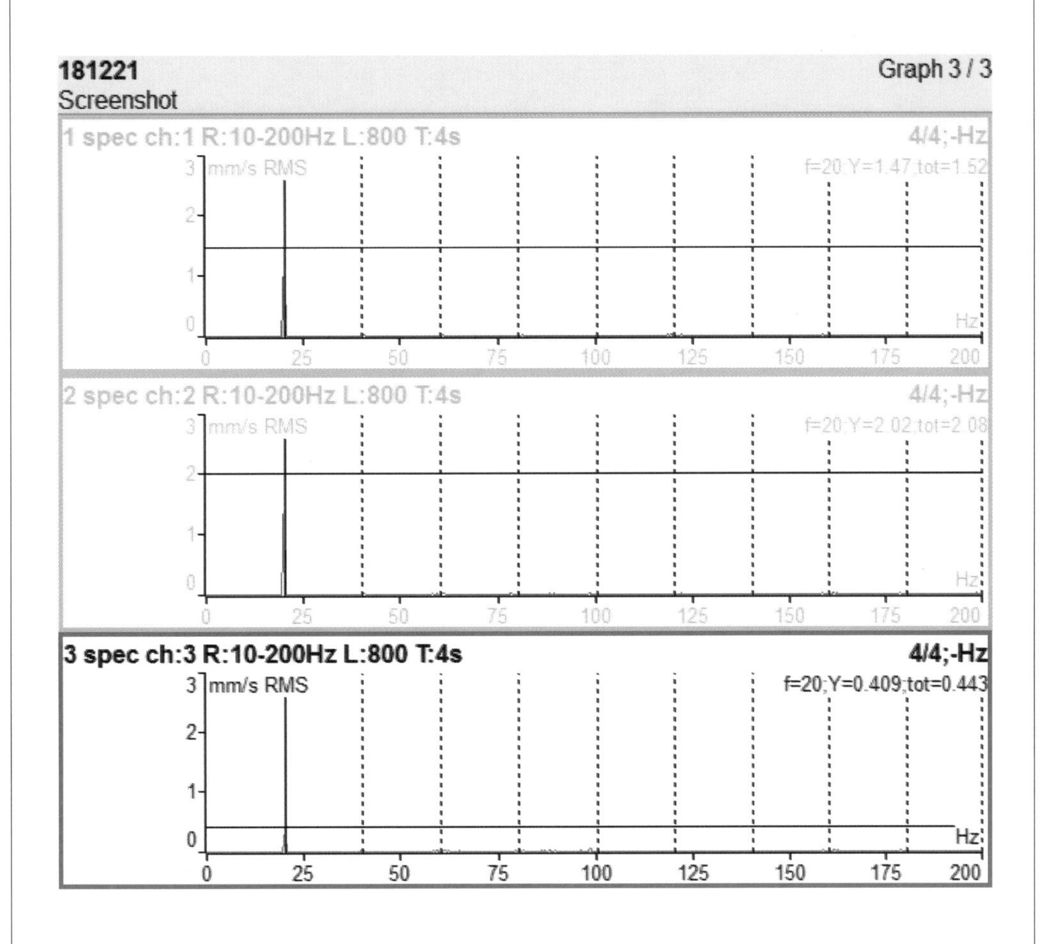
181221
Screenshot
Graph 3 / 3
1 spec ch:1 R:10-200Hz L:800 T:4s
4/4;-Hz
mm/s RMS
f=20;Y=1.47;tot=1.52
Hz
2 spec ch:2 R:10-200Hz L:800 T:4s
4/4;-Hz
mm/s RMS
f=20;Y=2.02;tot=2.08
Hz
3 spec ch:3 R:10-200Hz L:800 T:4s
4/4;-Hz
mm/s RMS
f=20;Y=0.409;tot=0.443
Hz
0 25 50 75 100 125 150 175 200

Chapter

3

공·유압회로 구성 작업

공·유압회로 구성 작업

1 소요시간 : 2시간

(1) 공압회로 구성 작업(1시간)

① 공압회로를 구성하기 전에 제어조건에 따른 변위단계선도를 답지 4에 완성하여 제출하시오.

② 주어진 공압장치에서 도면 2와 같은 회로를 구성하여 동작시키시오.

㈎ 주어진 공압 기기를 올바르게 선정하고 고정판에 배치하시오.

㈏ 공압 호스를 적절한 길이로 절단 사용하여 배치된 기기를 연결 완성하시오.

㈐ 전기회로도를 보고 전기회로 작업을 완성하시오.

(전기 연결선의 적색은 +, 청색은 −로 연결하시오.)

㈑ 작업 압력(서비스 유닛)을 0.5MPa(오차 ±50kPa)로 설정하시오.

(2) 유압회로 구성 작업(1시간)

① 주어진 유압장치에서 도면 3과 같은 회로를 구성하여 동작시키시오.

㈎ 주어진 유압 기기를 올바르게 선정하고 고정판에 배치하시오.

㈏ 유압 호스를 사용하여 배치된 기기를 연결 완성하시오.

㈐ 전기회로도를 보고 전기 회로 작업을 완성하시오.

(전기 연결선의 적색은 +, 청색은 −로 연결하시오.)

㈑ 유압 회로의 최고 압력을 4MPa(오차 ±0.2MPa)로 설정하시오.

2 작업 중 주의 사항

공압

(1) 공압 공급 압력 조정

작업 압력(서비스 유닛)을 0.5MPa(오차 ±50kPa)로 설정한다. 설정압보다 고압이면 손잡이를 위로 올린 다음 반시계 방향으로 회전시켜 조정하고 저압으로 되어 있으면 시계 방향으로 회전시켜 조정한 후 손잡이를 아래로 밀어 넣는다.

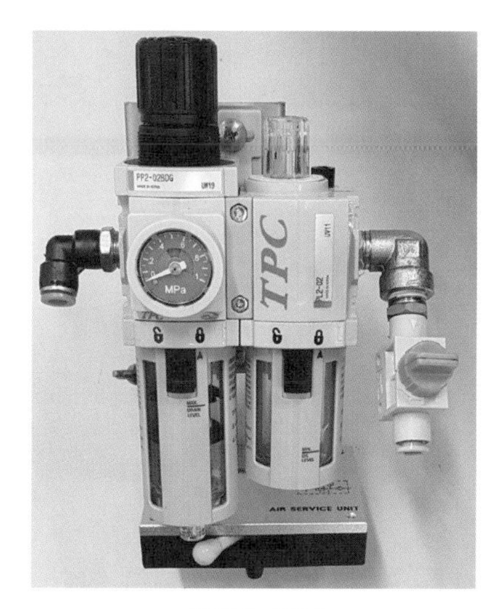

서비스 유닛

(2) 공압 부품 설치

공압 부품 배치 및 설치

앞 그림과 같이 실린더는 수직으로 설치하고 간격을 넓게 한다. 밸브는 실린더 아래 안쪽으로, 리밋 스위치도 두 실린더의 사이 안쪽으로 설치하면 바나나 잭의 간섭이 적고 위치 조정이 편리하며, 유량조절밸브의 설치 공간이 만들어지는 등의 장점이 있다.

(3) 유량제어밸브

한 방향 유량제어밸브의 방향을 도면과 같이 미터 아웃으로 하여야 한다. 미설치 또는 방향이 다르면 실격처리 된다.

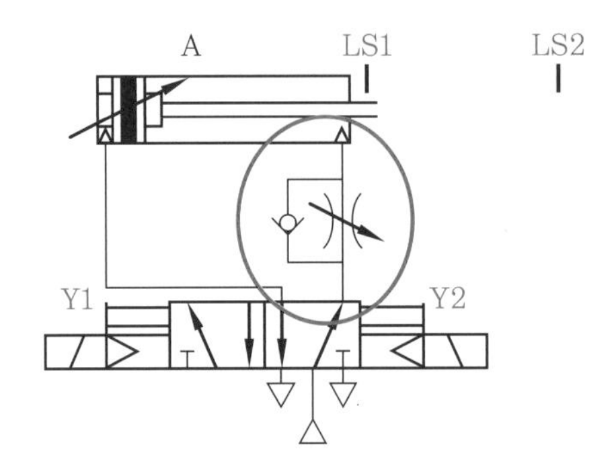

(4) 누름버튼 스위치

반드시 자동복귀형 누름 버튼 스위치를 사용하여야 한다. 디텐트(자기유지형) 스위치를 사용하면 실격처리 된다.

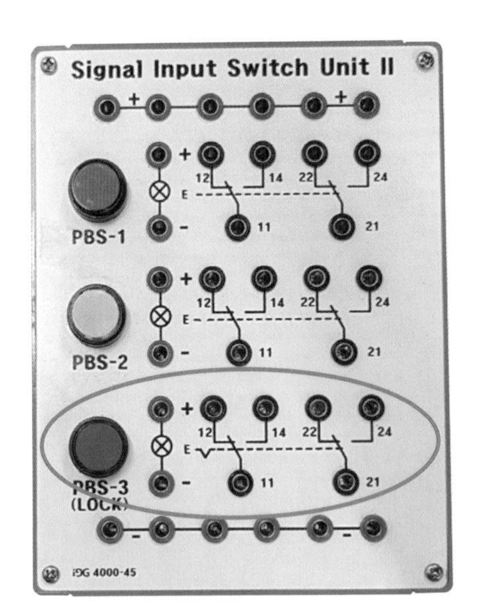

(5) 리밋 스위치

① **설치** : 그림과 같이 리밋 스위치의 롤러 방향을 설치해야 감점이 없다.

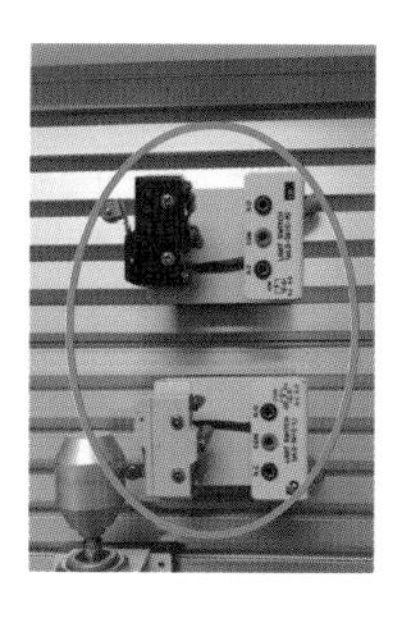

② **전기** : 전기회로도에서 화살표가 있는 리밋 스위치는 접점을 반대로 사용하여야 한다. 즉 화살표가 있는 a접점 리밋 스위치는 b접점으로, 화살표가 있는 b접점 리밋 스위치는 a접점으로 연결하여야 한다.

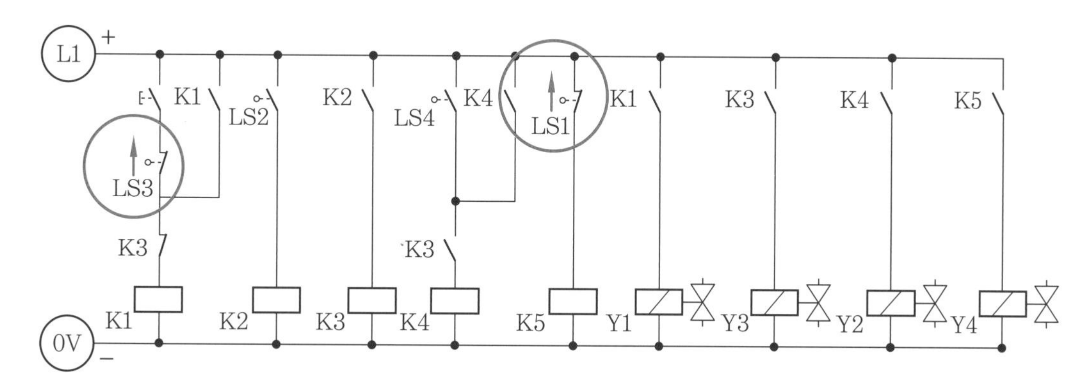

(6) 실린더 초기 상태 전진

공압 9, 11, 14 과제에서 공압 밸브 A 포트는 실린더 후진측에, B 포트는 실린더 전진측에 삽입해야 한다.

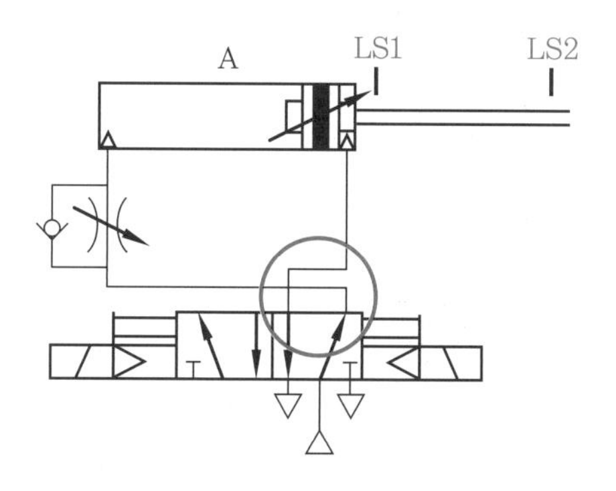

(7) 세트 스위치

다음 그림과 같이 세트 스위치는 PB2를 먼저 ON-OFF한 후 PB1을 ON-OFF해야 동작된다.

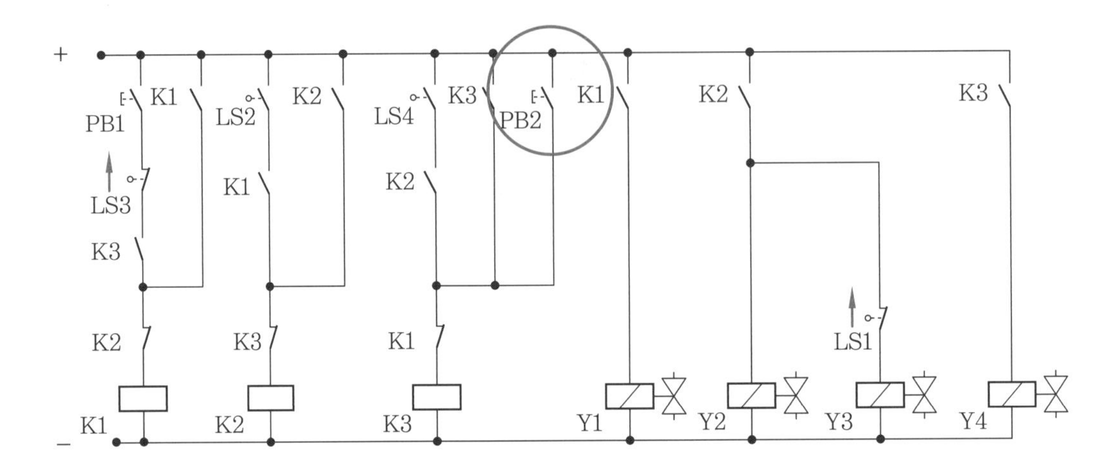

(8) 타이머

다음 그림과 같이 타이머는 릴레이와 같은 방법으로 전선을 연결한다.

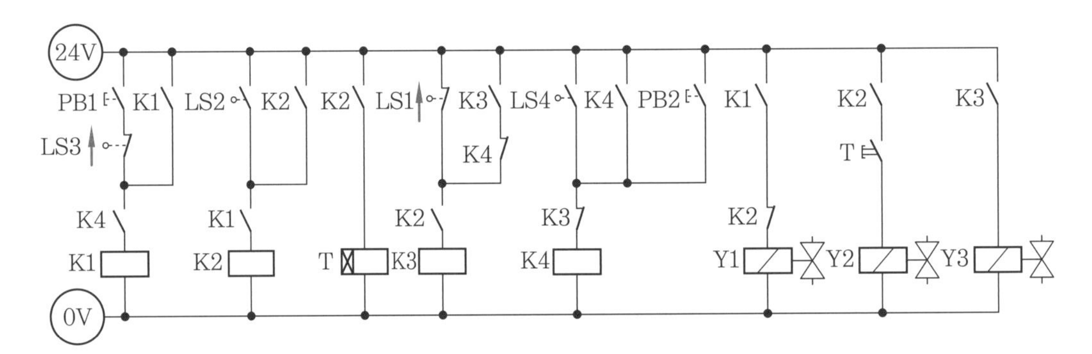

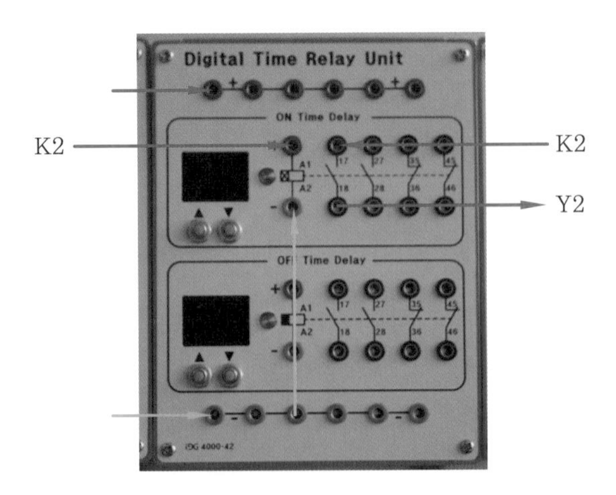

공압 1

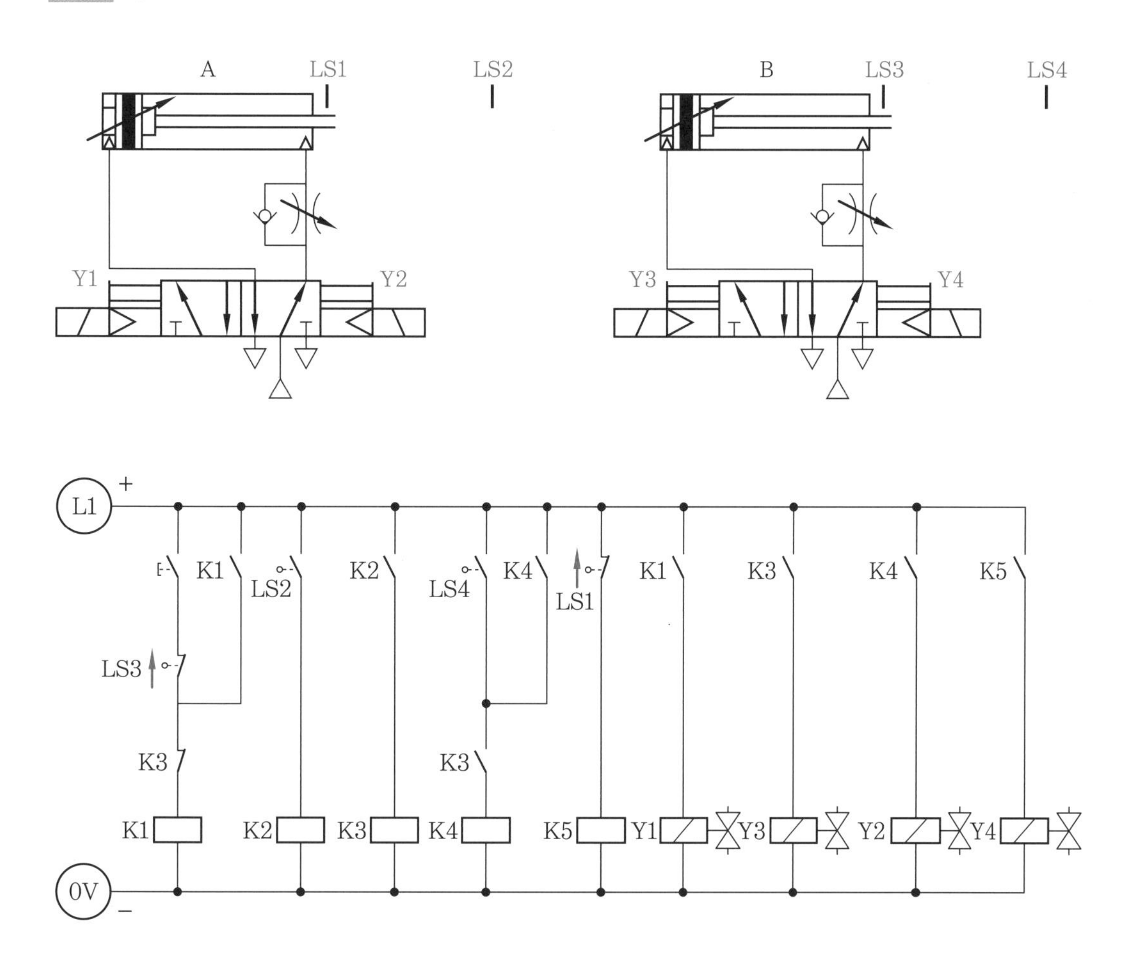

[공압 변위 단계 선도 정답]

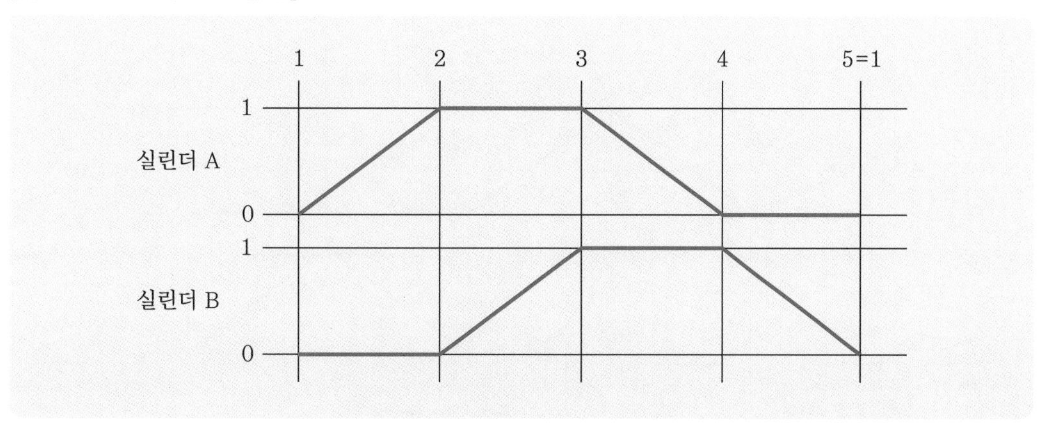

공압 2

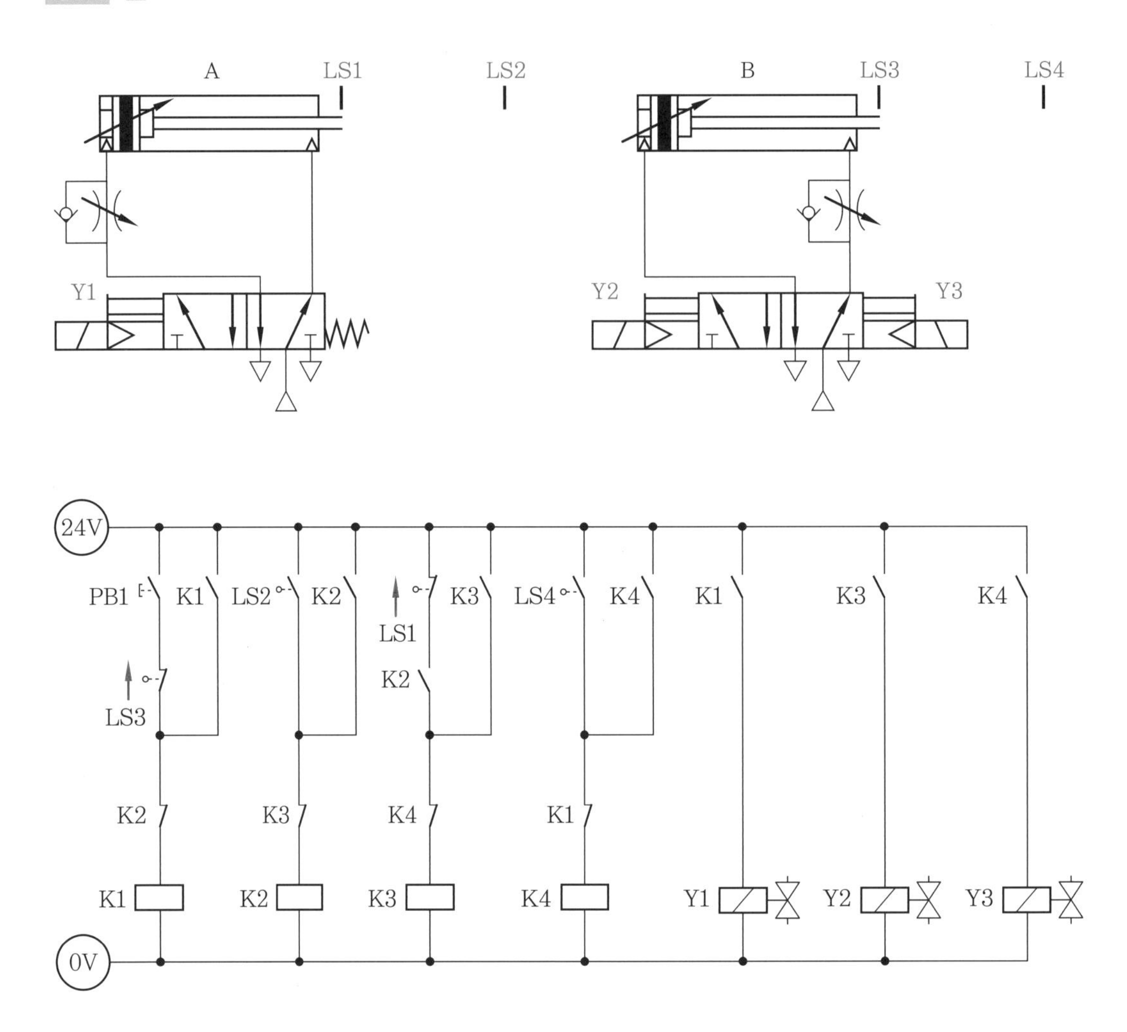

[공압 변위 단계 선도 정답]

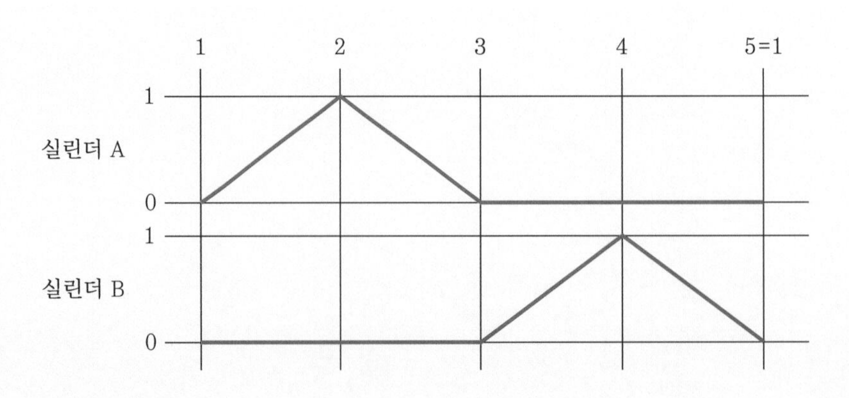

공압 3

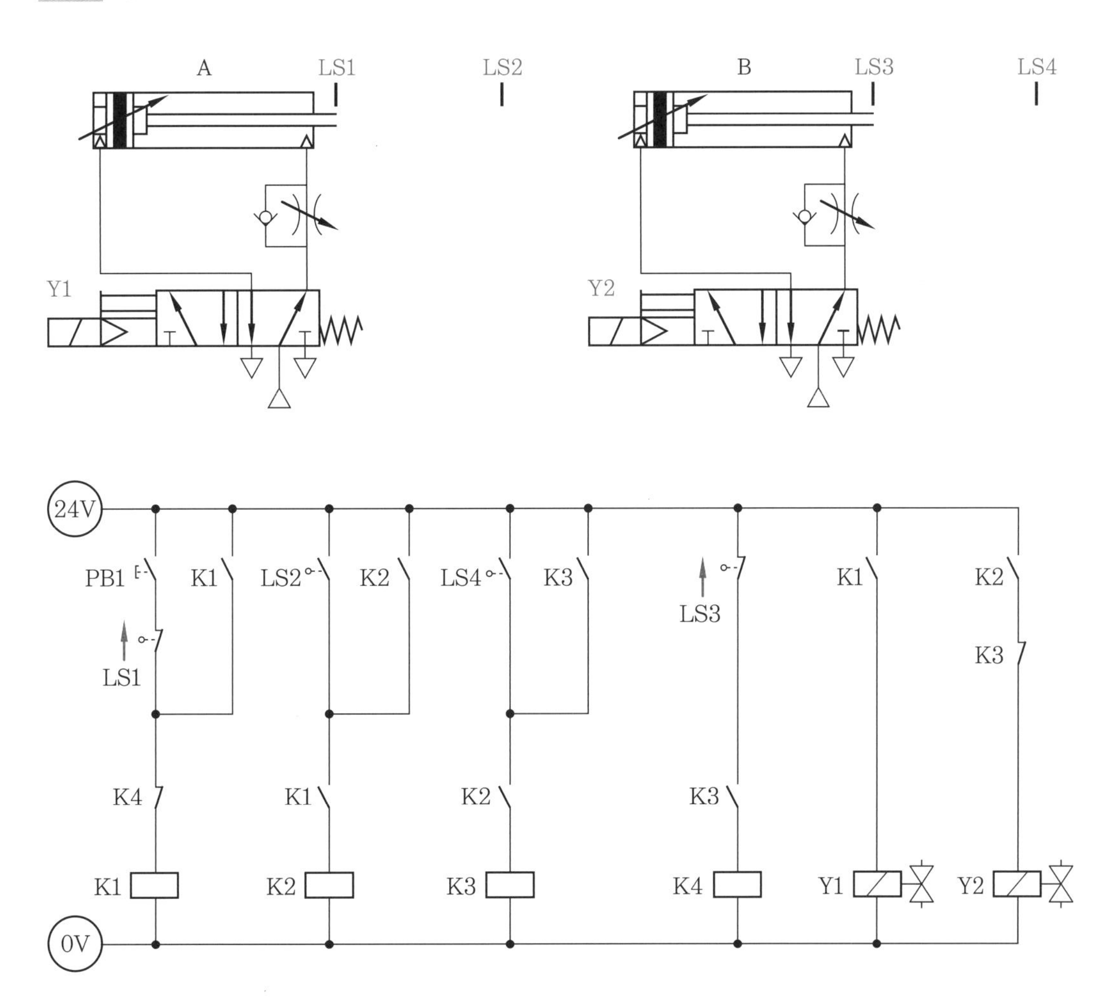

[공압 변위 단계 선도 정답]

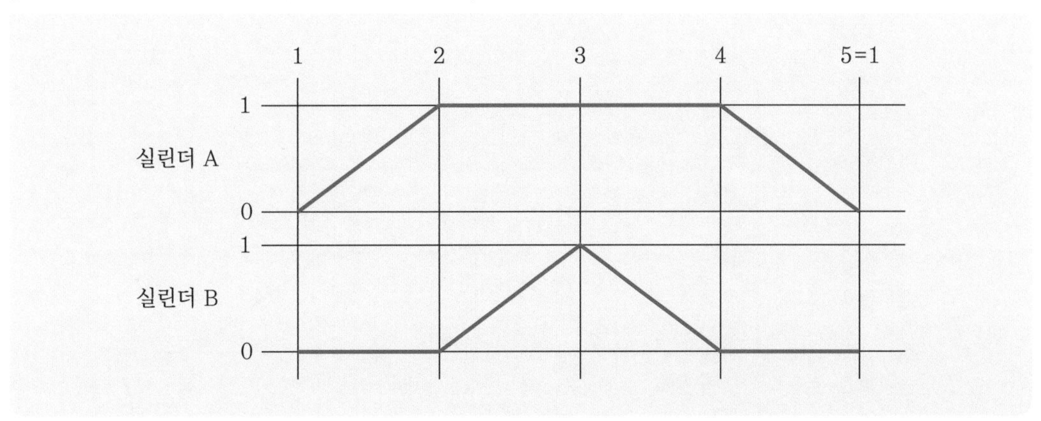

공압 4

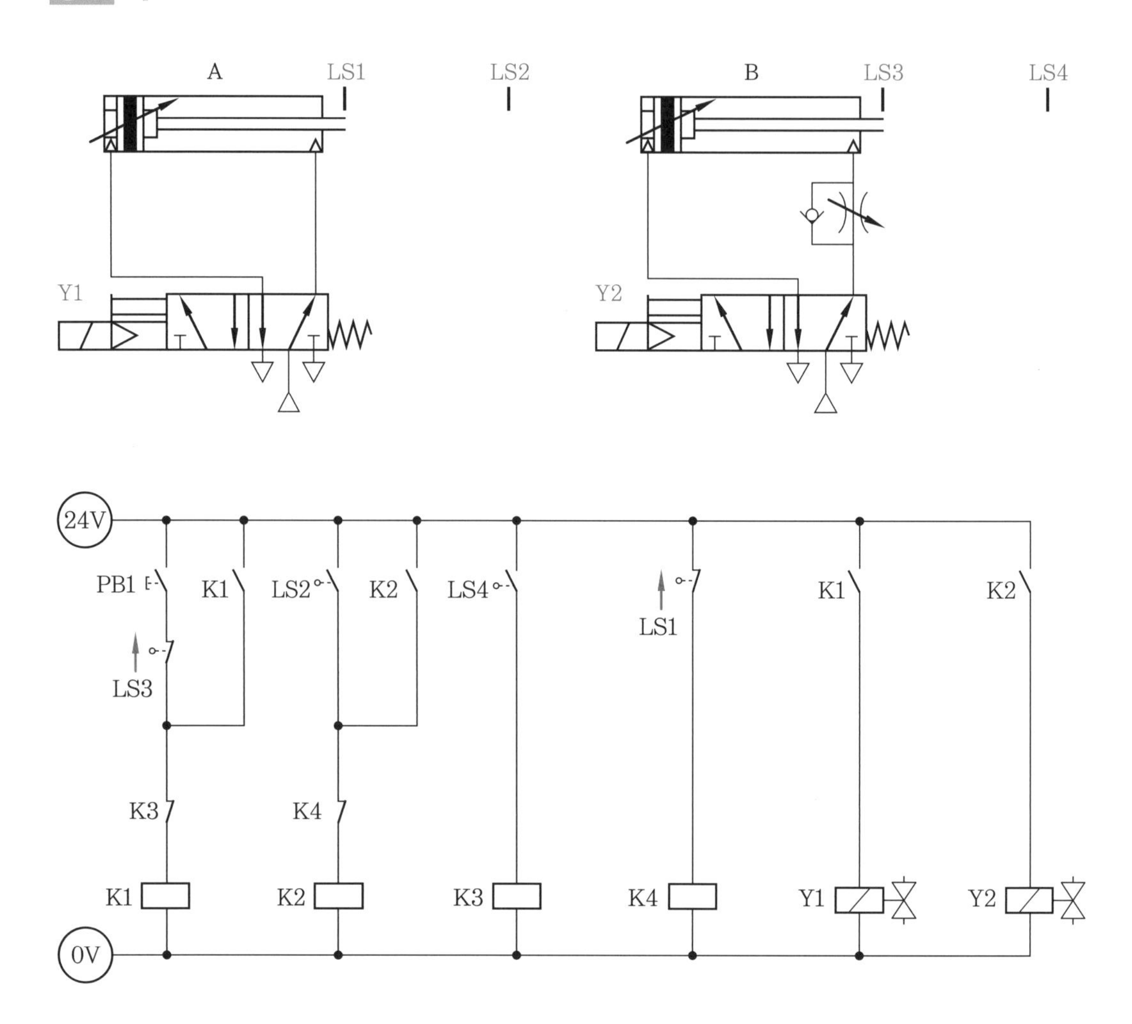

[공압 변위 단계 선도 정답]

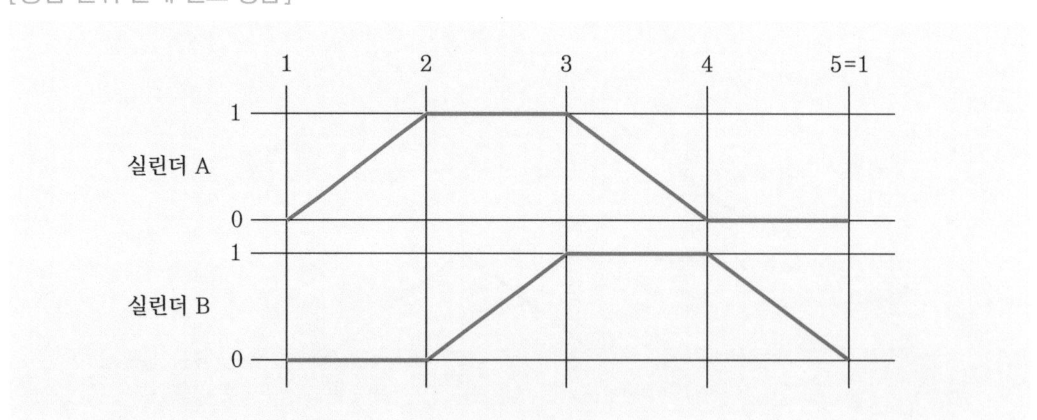

공압 5

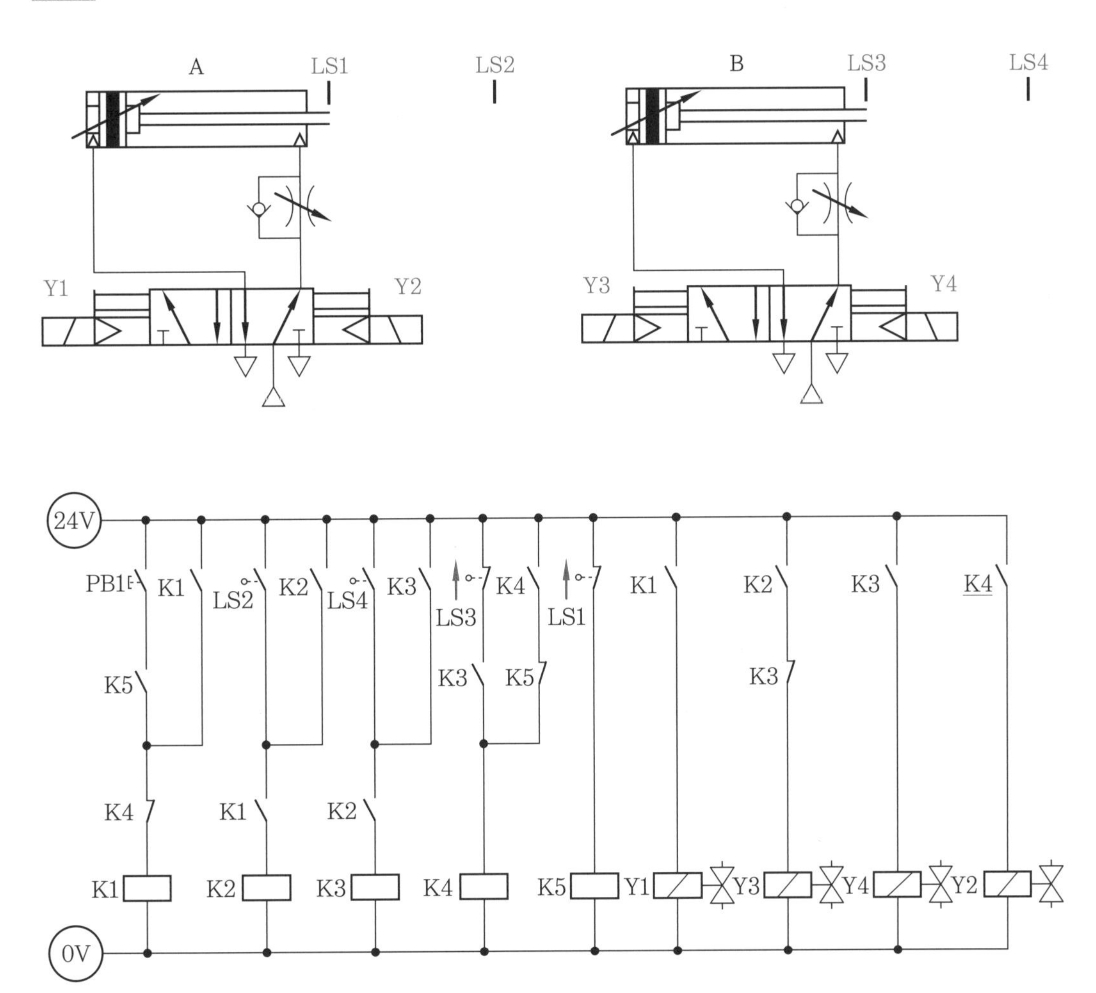

[공압 변위 단계 선도 정답]

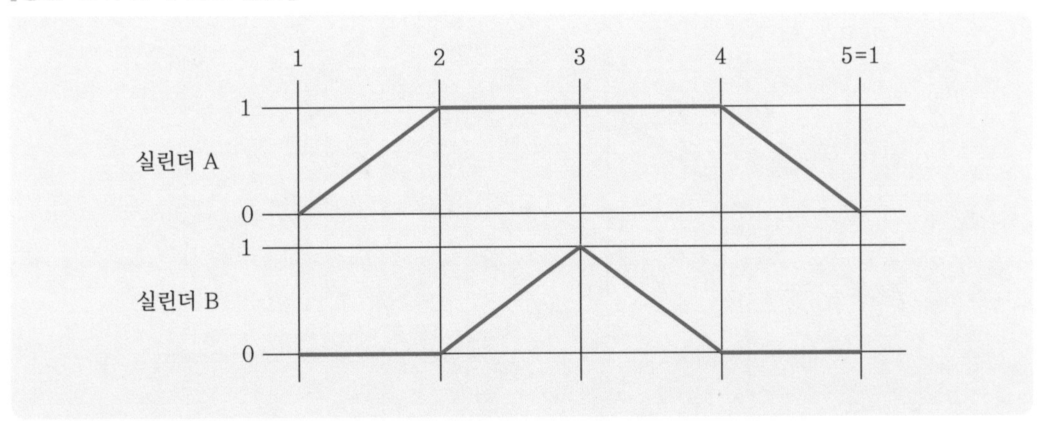

공압 6

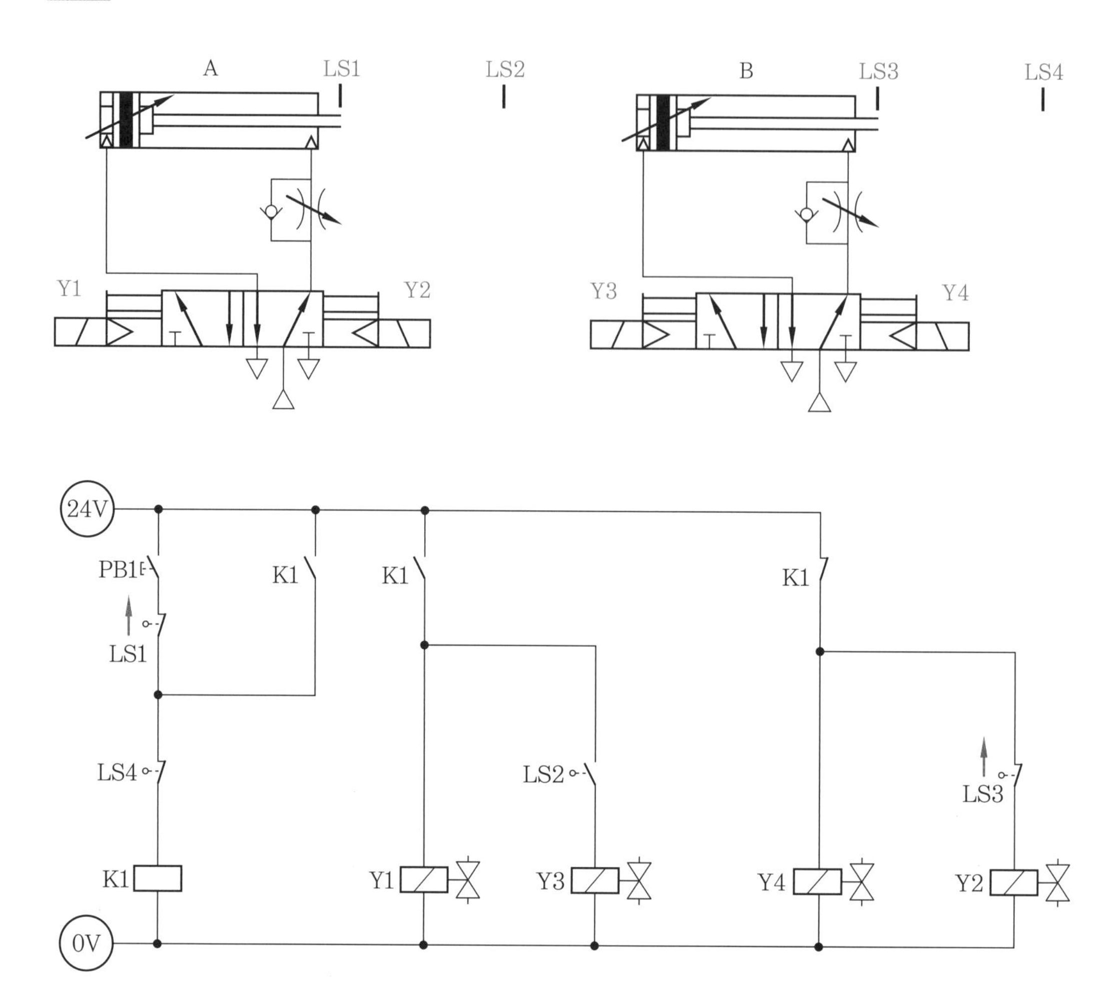

[공압 변위 단계 선도 정답]

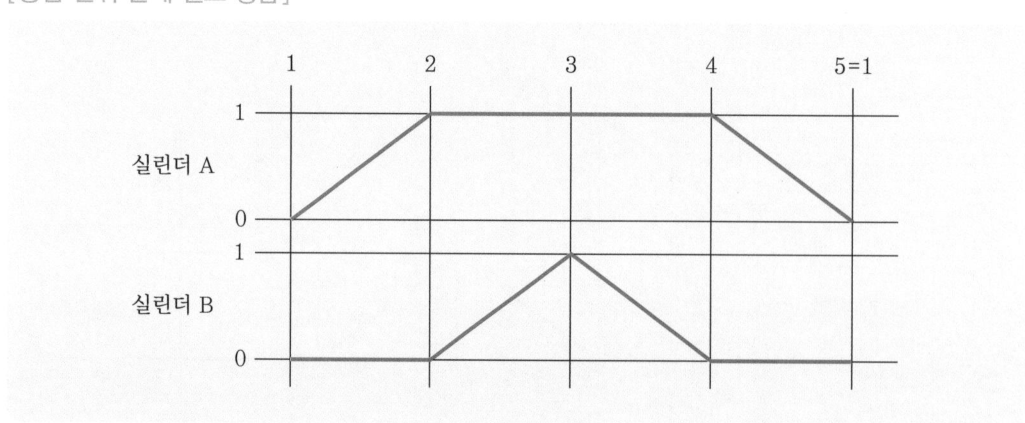

공압 7

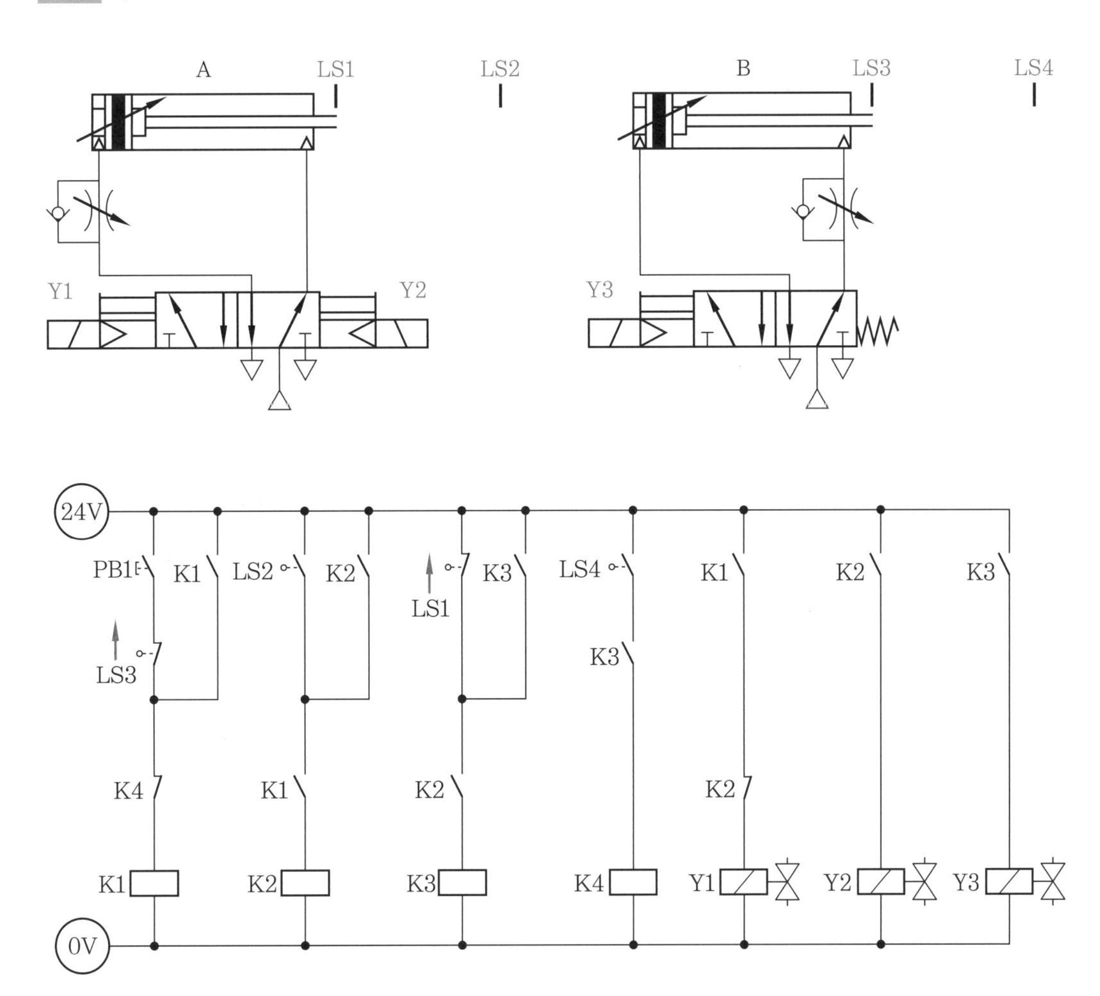

[공압 변위 단계 선도 정답]

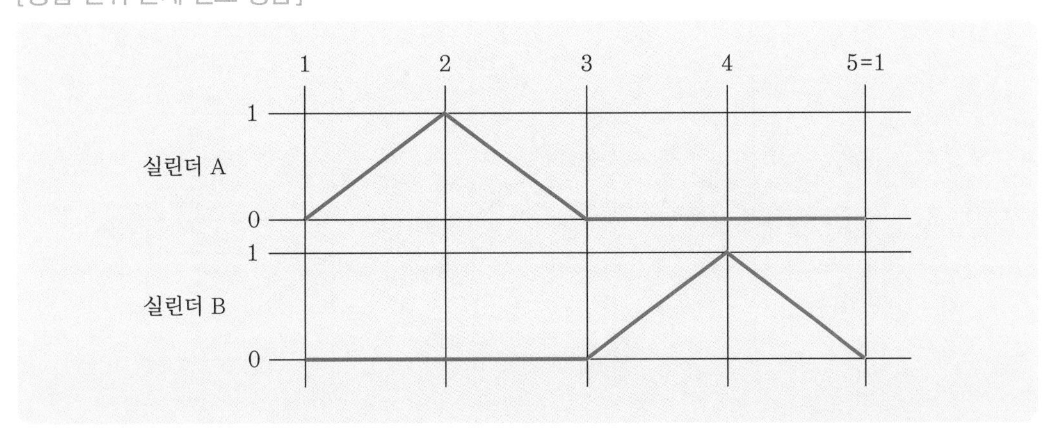

공압 8

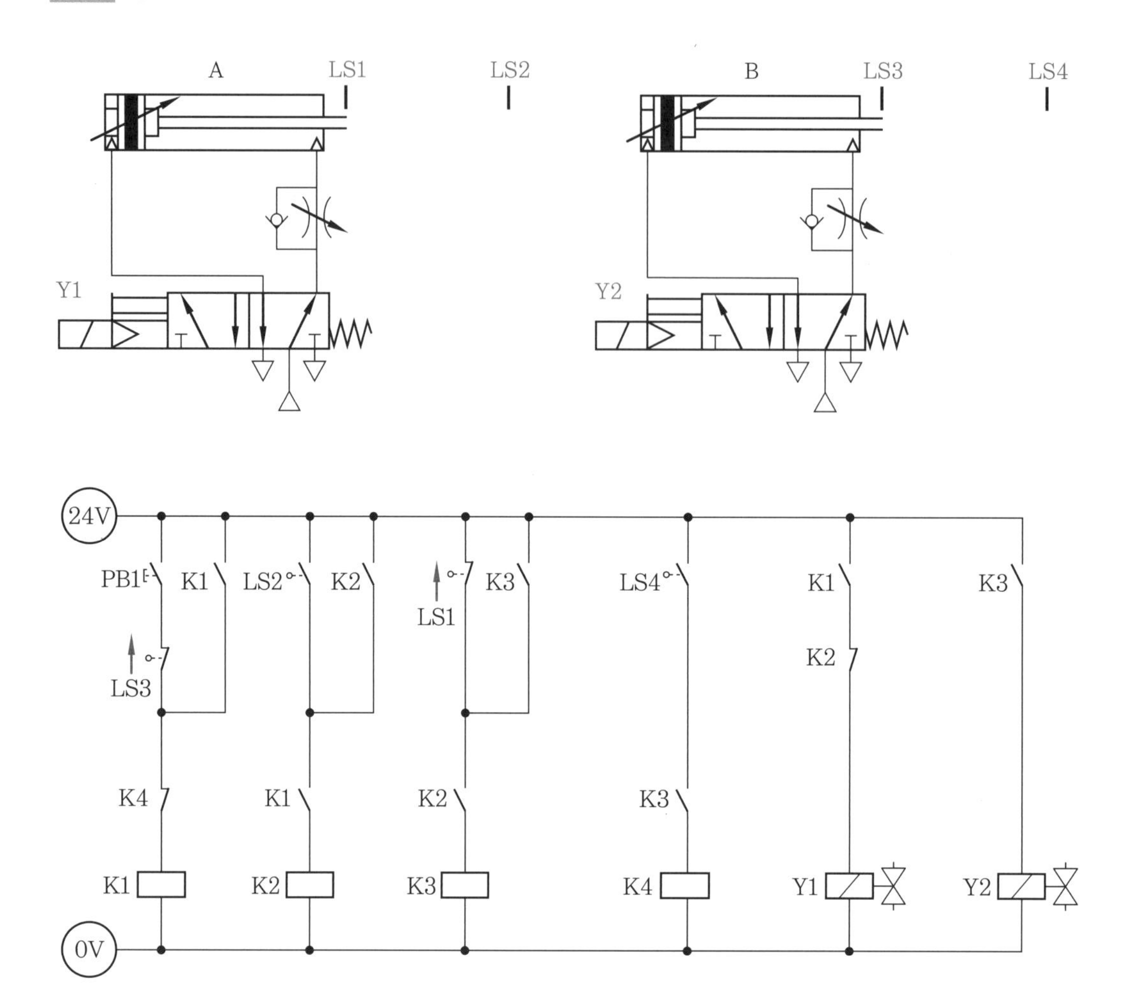

[공압 변위 단계 선도 정답]

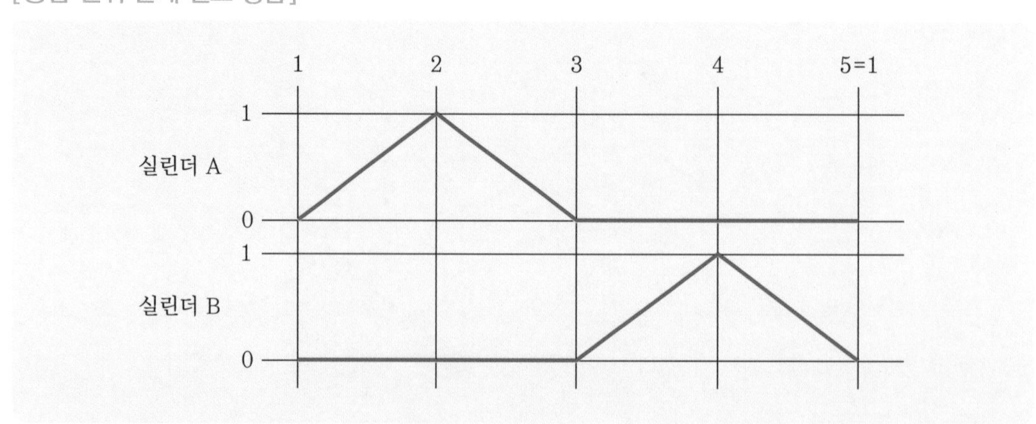

공압 9

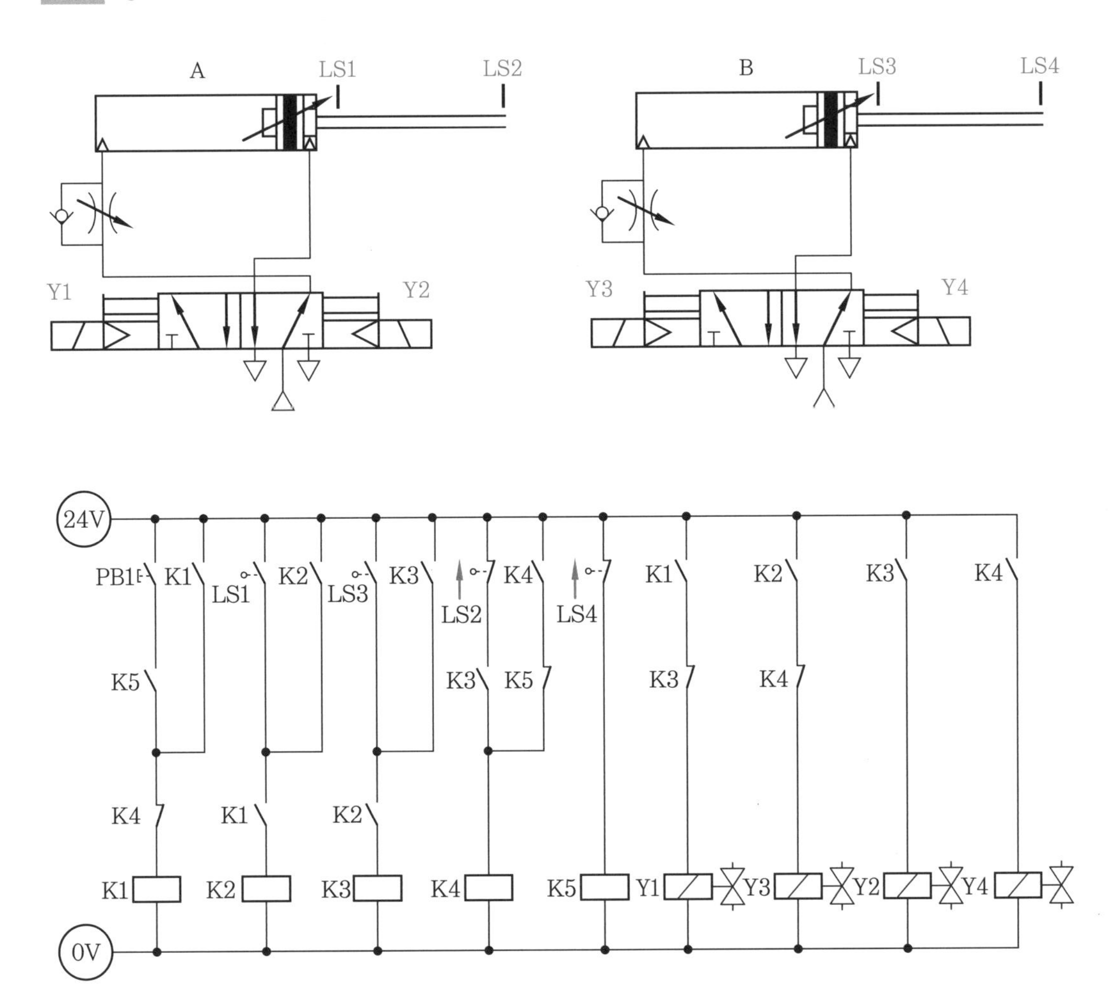

[공압 변위 단계 선도 정답]

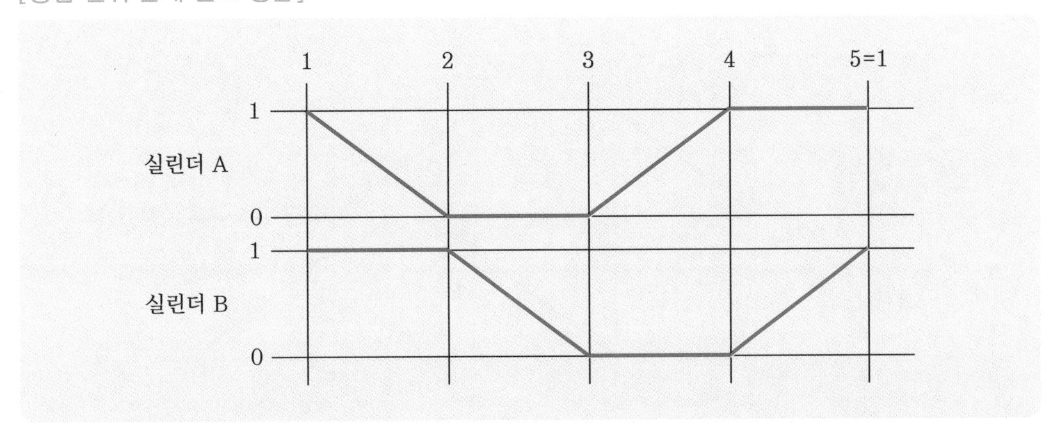

공압 10

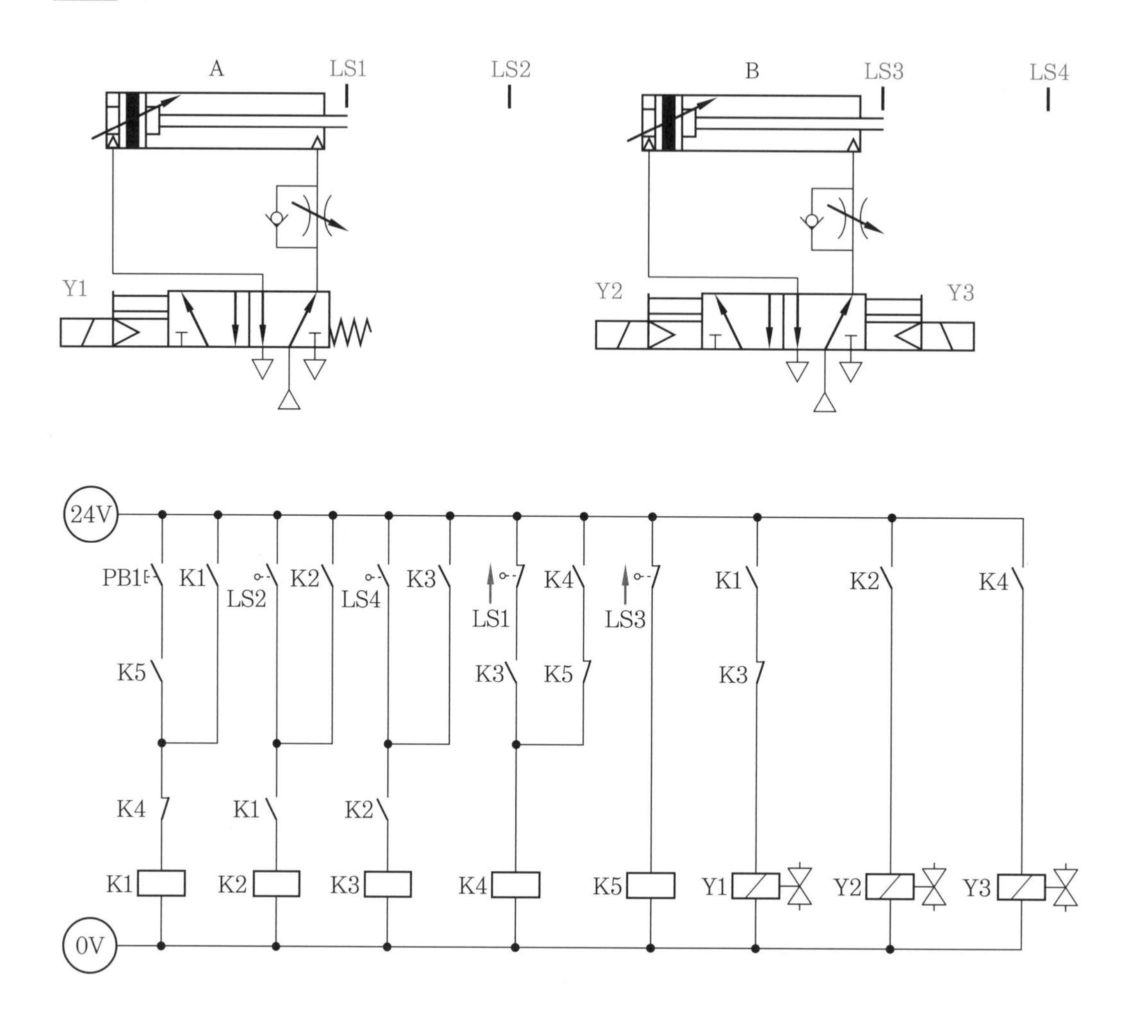

[공압 변위 단계 선도 정답]

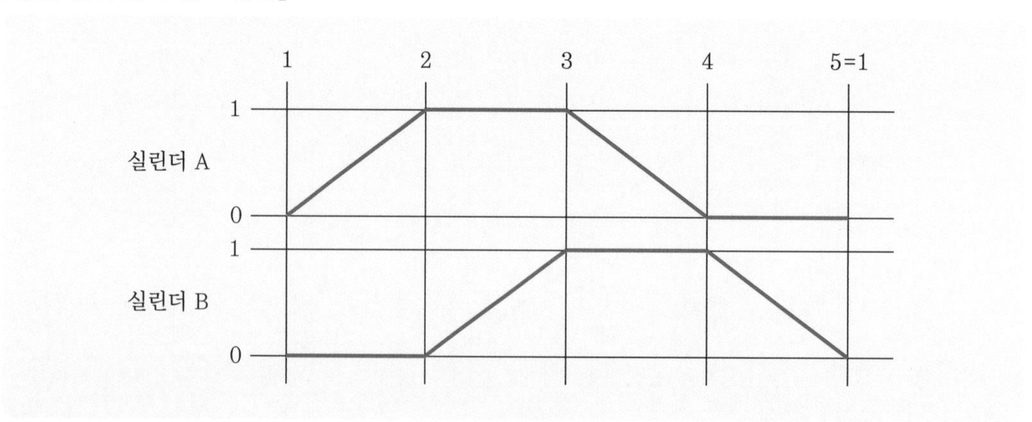

공압 11

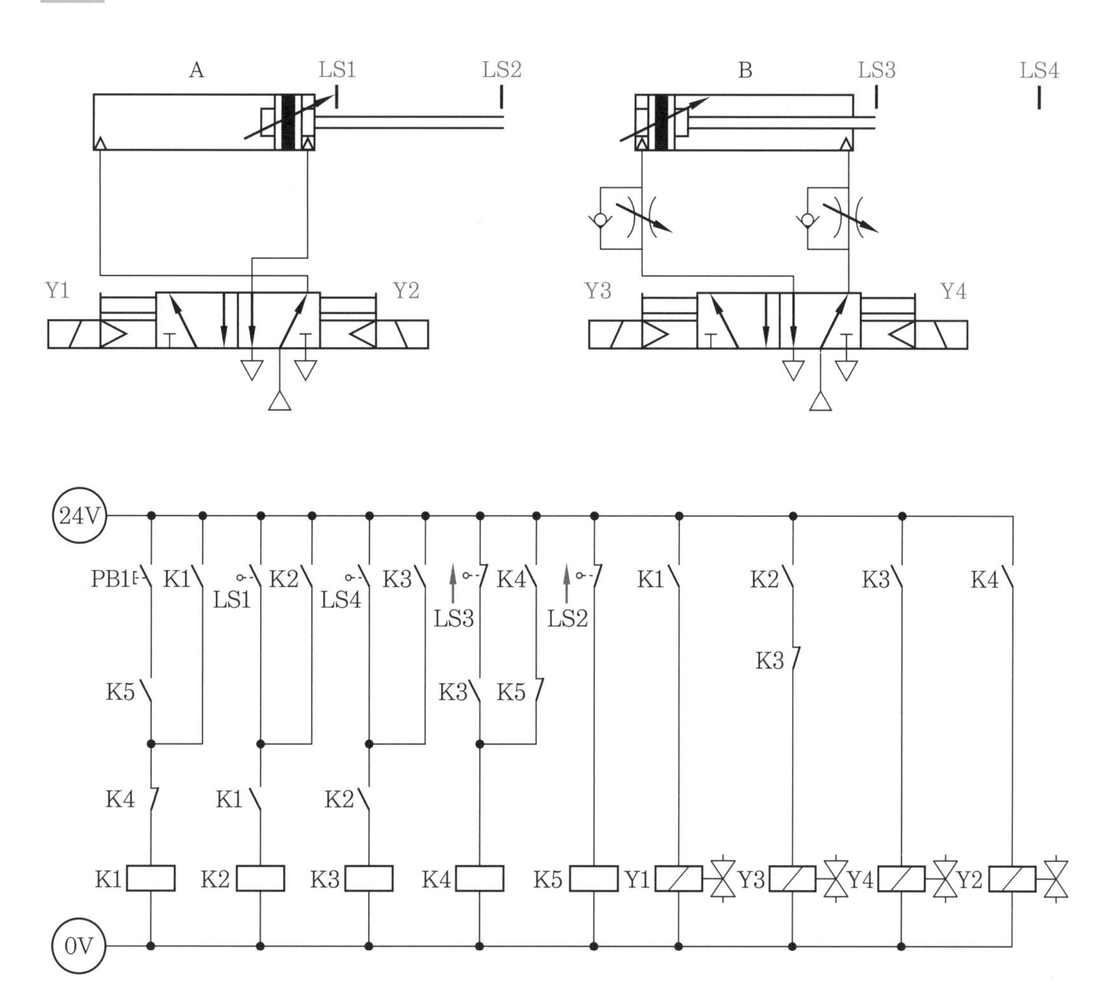

[공압 변위 단계 선도 정답]

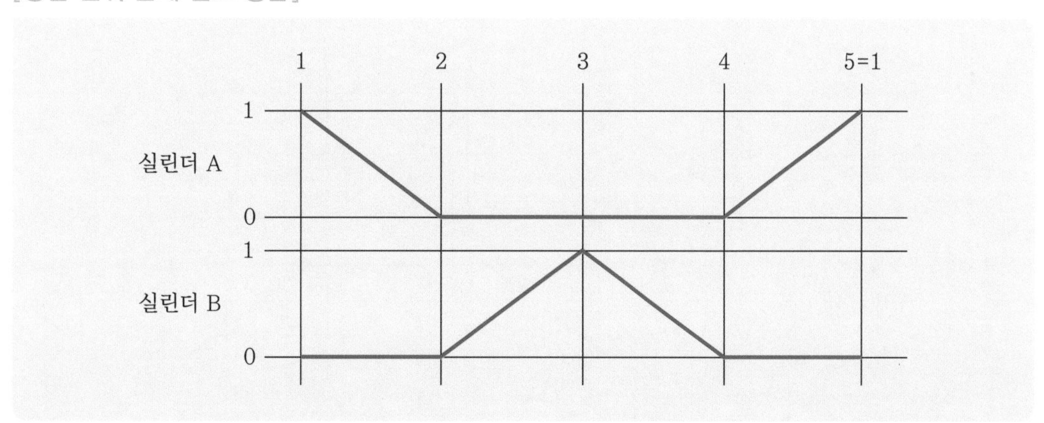

공압 12

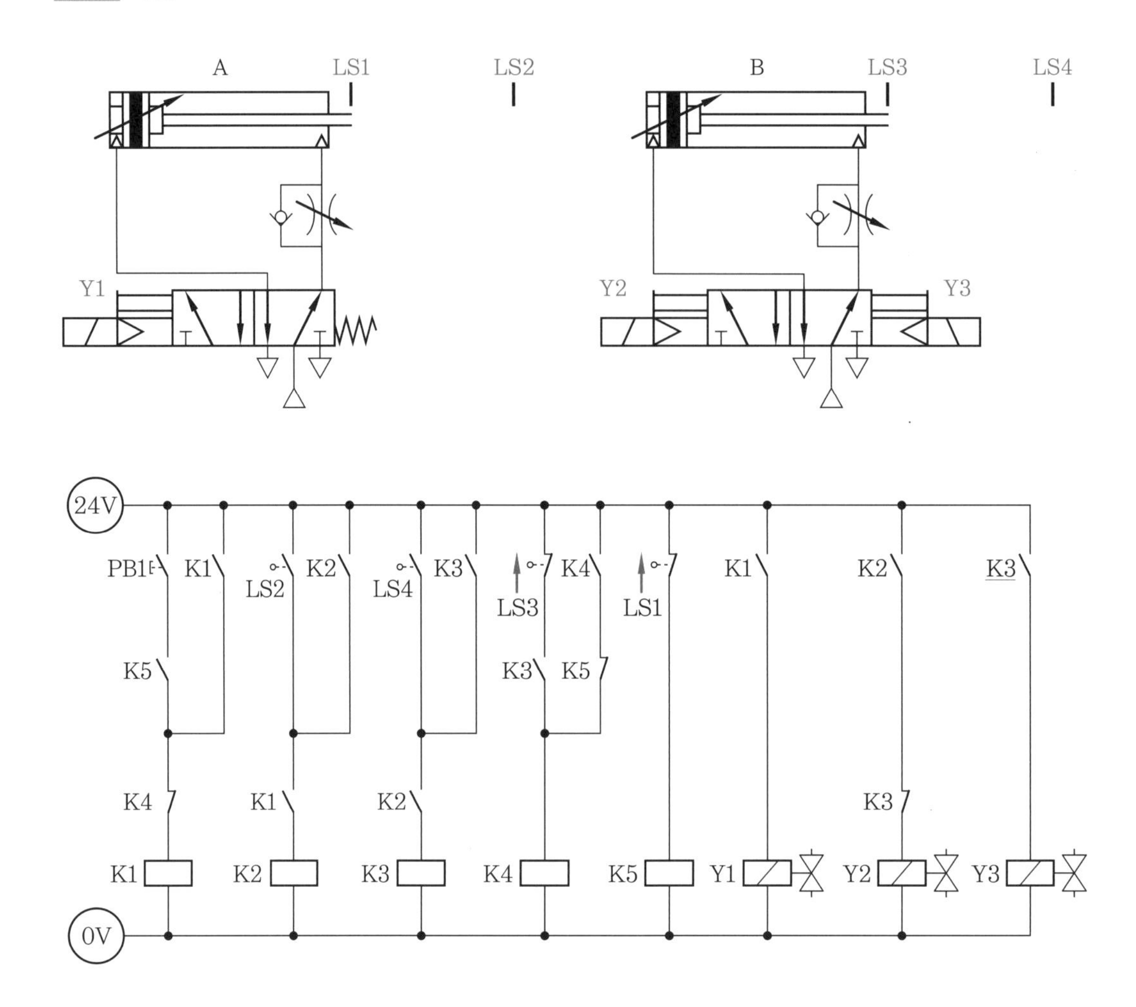

[공압 변위 단계 선도 정답]

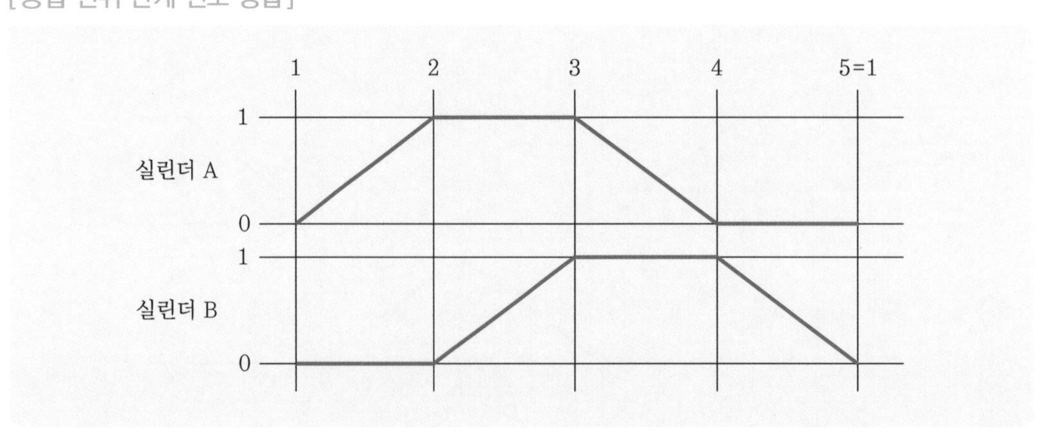

공압 13

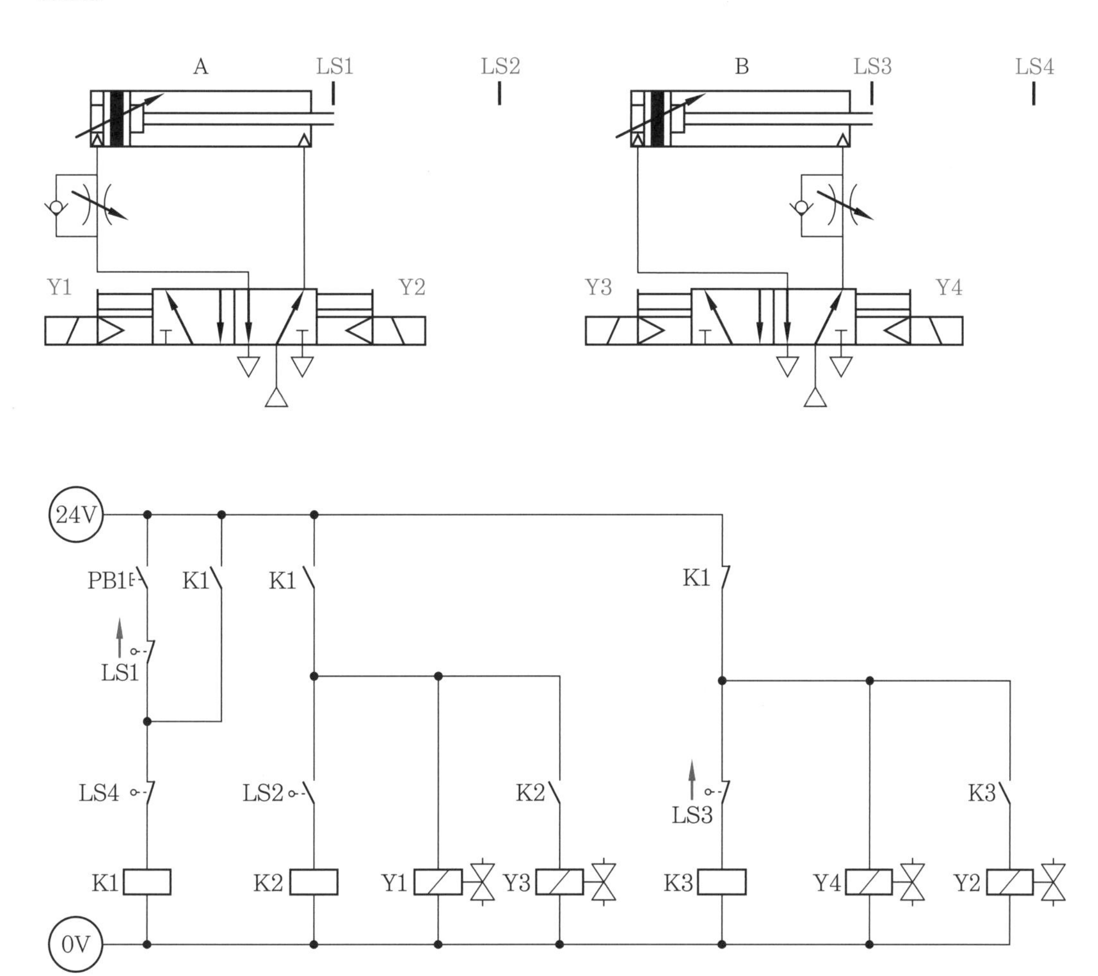

[공압 변위 단계 선도 정답]

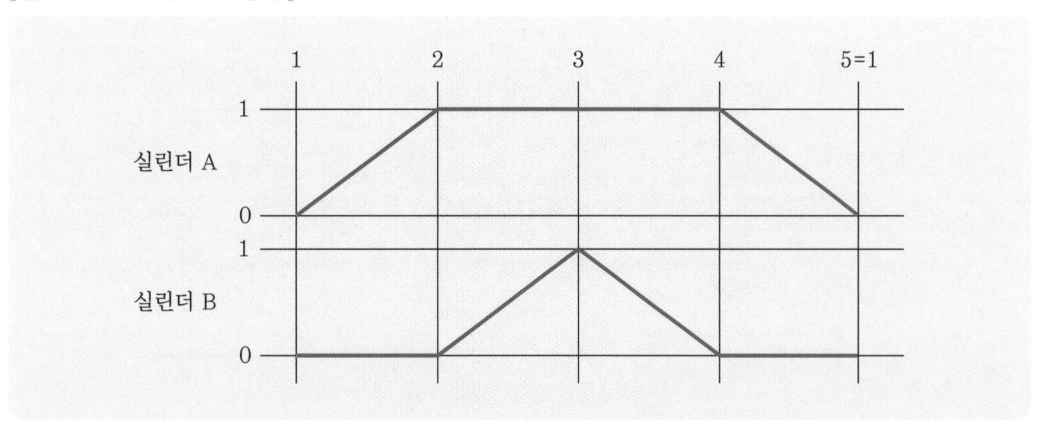

공압 14

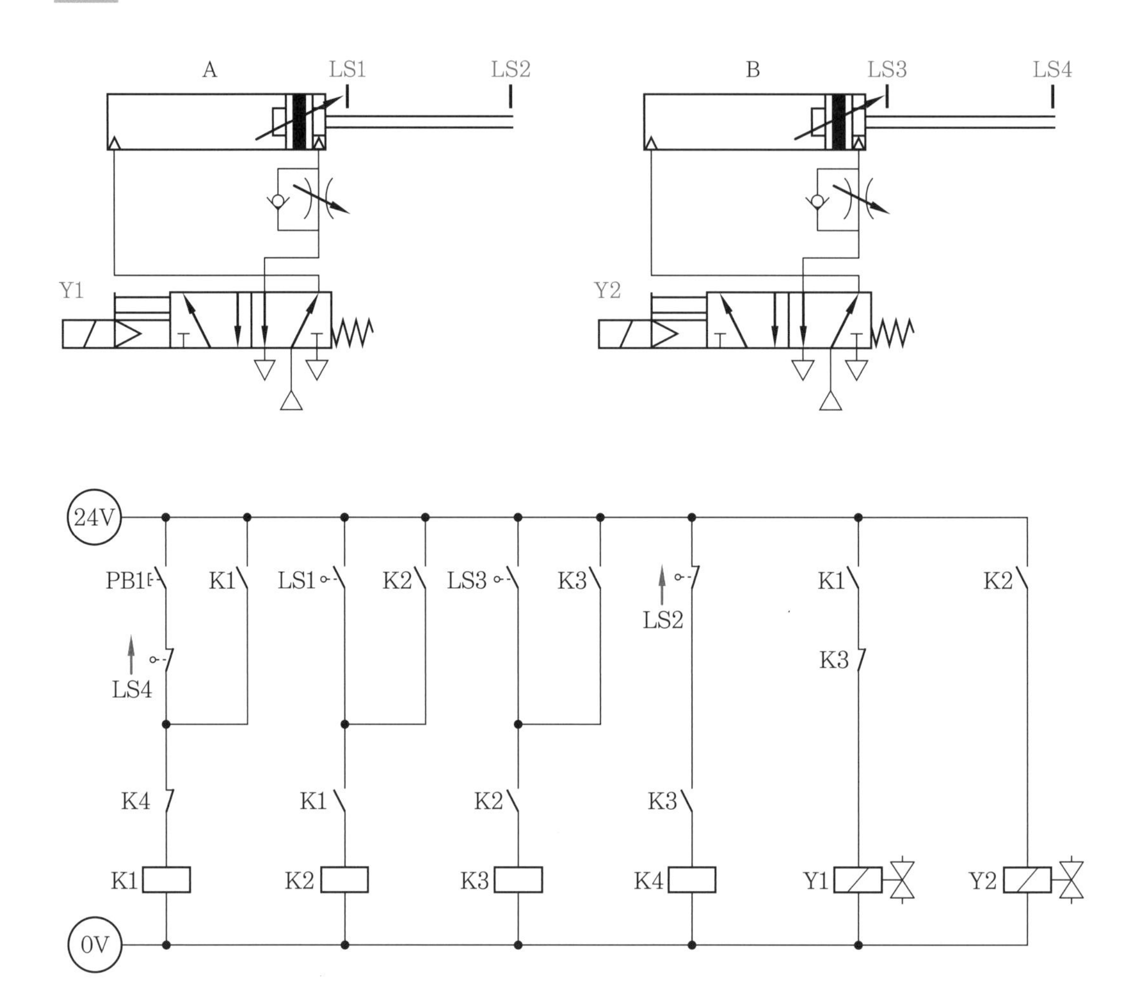

[공압 변위 단계 선도 정답]

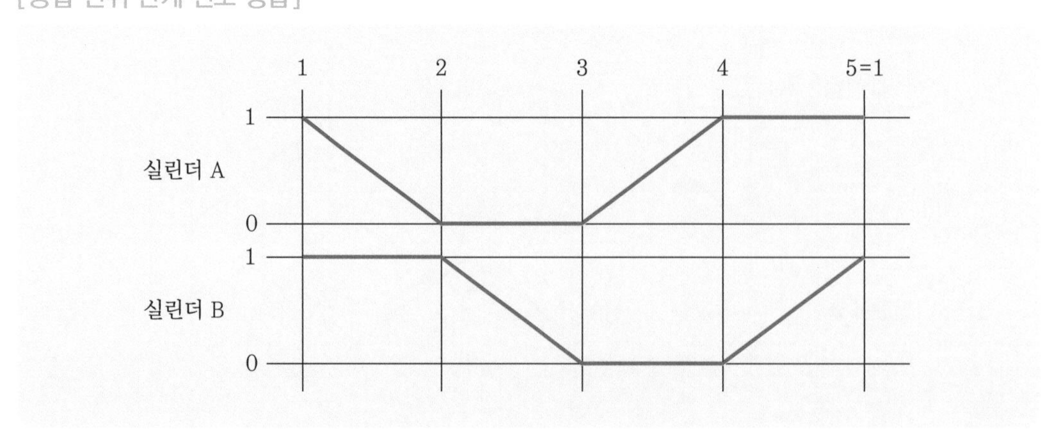

유압

(1) 릴리프 설치 및 최대 압력제어 회로 구성

작업이 시작 되면 우선 릴리프 밸브를 설치하고 작동압력을 4MPa(40kgf/cm^2)으로 설정한다.

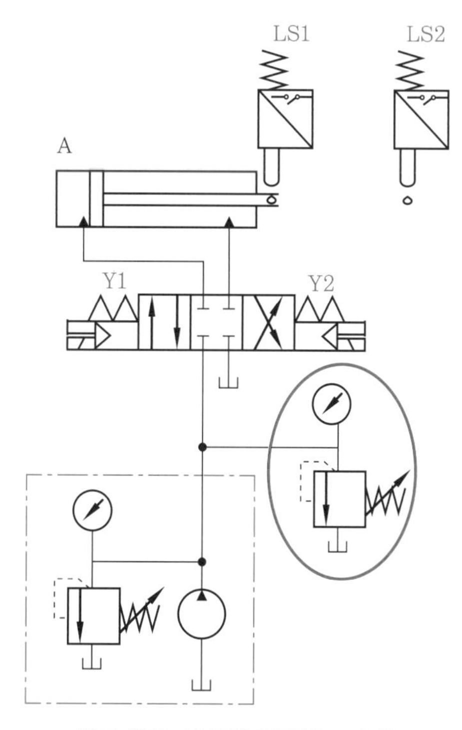

최대 압력 설정회로(유압 1 과제)

(2) 유압 부품 설치

실린더는 공압과 같이 수직으로 설치하고 그 이외의 밸브는 도면과 같은 위치에 설치하는 것이 유리하다.

(3) 드레인 포트

공압과 달리 유압은 사용한 유압 작동유를 탱크로 보내야 하며 이때 밸브의 포트는 T라고 표시된 피팅과 탱크를 호스로 연결하여야 한다.

(4) 리밋 스위치 및 회로도

리밋 스위치 설치 방법과 누름버튼 스위치, 타이머, 세트 스위치 등은 공압 구성과 동일하다.

(5) 유량제어밸브

양방향 유량제어밸브는 방향이 없으므로 편리한 방향에 설치한다.

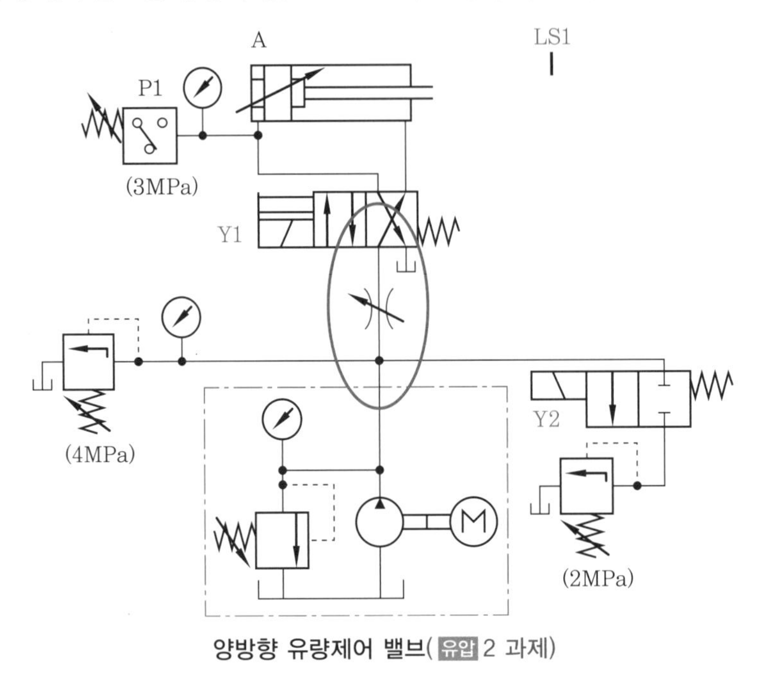

양방향 유량제어 밸브(유압 2 과제)

한방향 유량제어밸브의 방향은 공압 회로 구성과 다르게 미터 인, 미터 아웃 두 가지를 각각 요구하므로 도면을 잘 보고 도면과 동일하게 설치하여야 하며, 미설치 또는 방향이 다르면 실격처리 된다.

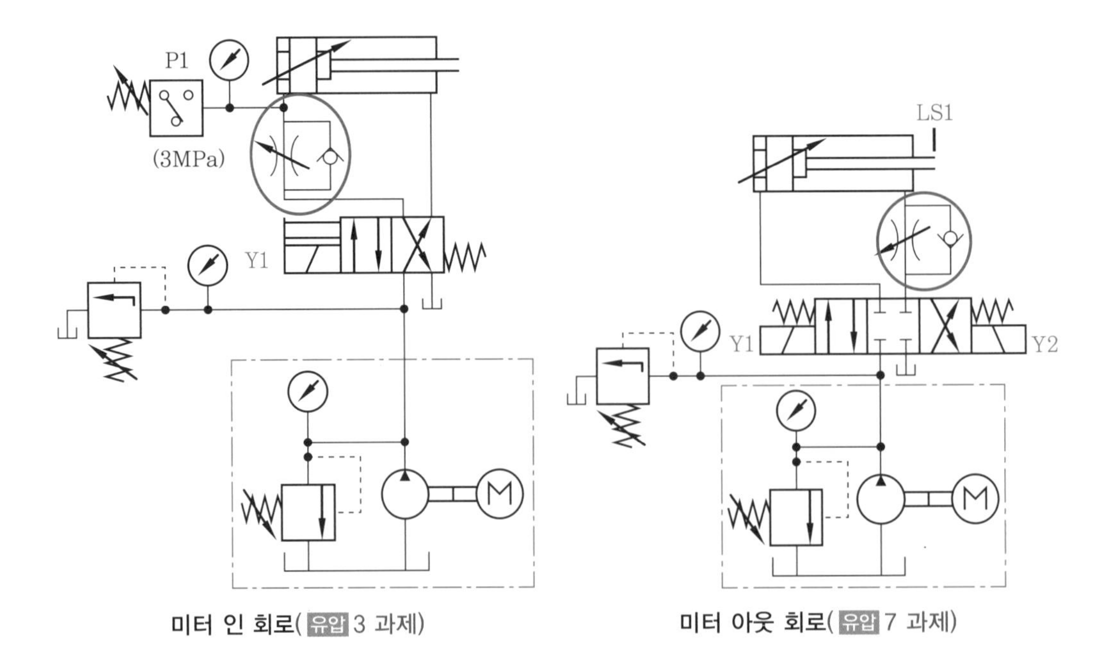

미터 인 회로(유압 3 과제) 미터 아웃 회로(유압 7 과제)

(6) 압력 스위치

유압 3 과제에서 압력 스위치는 요구하는 압력으로 먼저 릴리프 밸브를 조정한 후, 제 2 압력게이지를 설치하고 압력 스위치를 압력게이지에 있는 포트에 설치한 후 세팅한다. 다음은 유압 2 과제를 예로 들은 압력 스위치 세팅 순서이다.

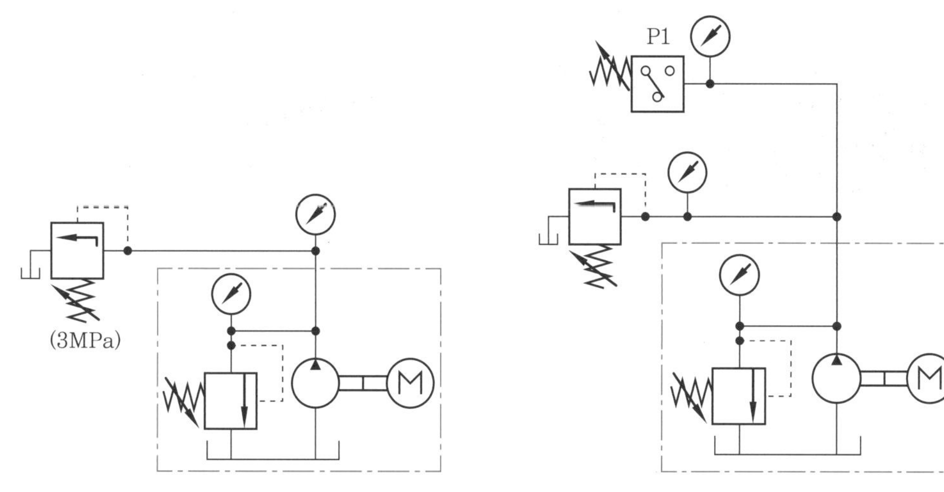

1. 릴리프 밸브를 설치하여 3MPa로 설정한다.

2. 압력게이지와 압력 스위치를 설치하고 호스로 연결한다.

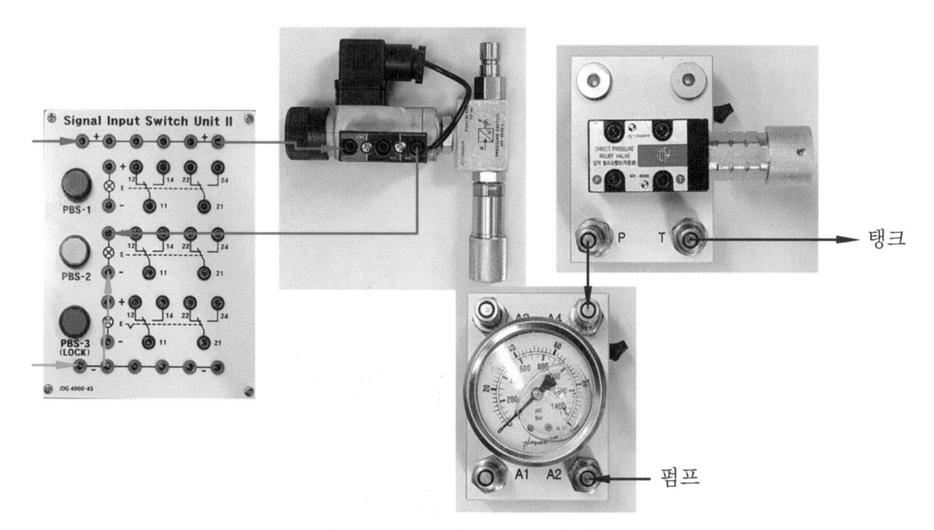

3. 기기와 호스 및 전선 연결 후 세팅

(7) 2/2 WAY 밸브

유압 2, 10, 11 과제에 있는 이 밸브는 NC 타입이고, 유압 9 과제는 NO 타입으로 외형이 똑같으므로 밸브를 선정할 때 각별히 주의하여야 한다.

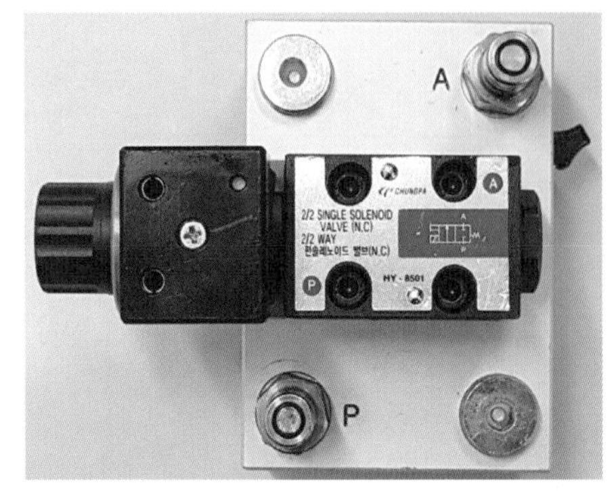

NC 타입

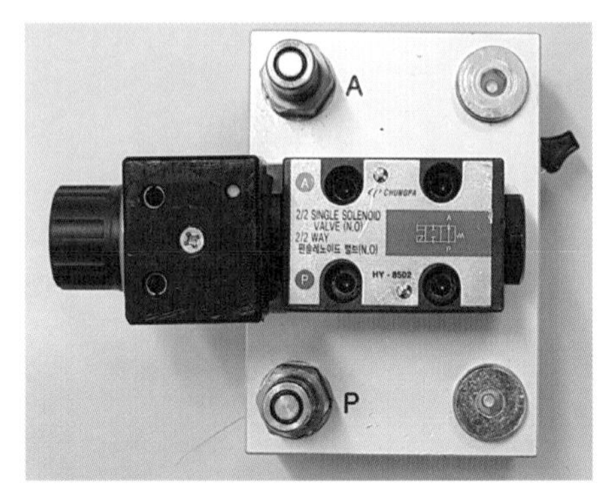

NO 타입

(8) 2개 이상의 압력제어

유압 2, 3 과제와 같이 서로 압력이 다른 릴리프 밸브가 2개이거나, 유압 4 과제와 같이 카운터 밸런스 밸브가 있는 경우에는 저압 밸브를 먼저 압력 세팅한 후 릴리프 밸브를 다시 설치하여 4MPa로 세팅하여야 한다.

(9) 파일럿 체크 밸브

유압 5, 14 과제와 같이 파일럿 체크 밸브는 간접 작동 체크 밸브라고도 하며, 일반적인 체크 밸브와 다르게 보드에 설치하는 것으로 A, B, X 3개의 포트로 되어 있다.

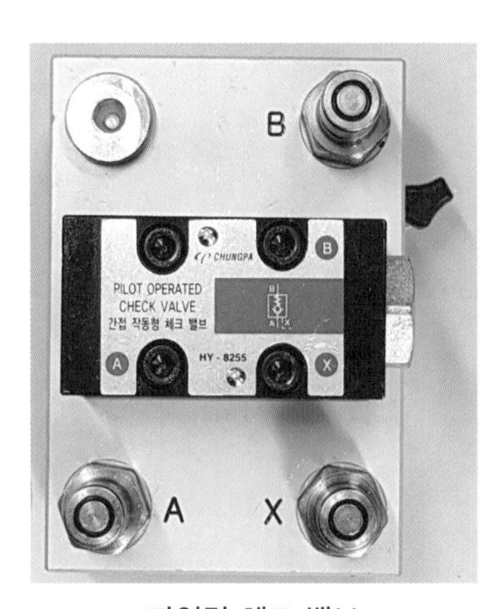

파일럿 체크 밸브

(10) 감압 밸브

이 밸브는 모든 기기를 도면과 같이 전부 설치하고, 릴리프 밸브의 압력을 4MPa로 설정한 다음, 운전하면서 감압밸브의 배출구 쪽에 있는 압력게이지가 2MPa가 되도록 조정하면 된다. 릴리프 밸브와 달리 피팅이 3개이고 반드시 T 포트는 탱크에 연결, 드레인 시켜야 한다.

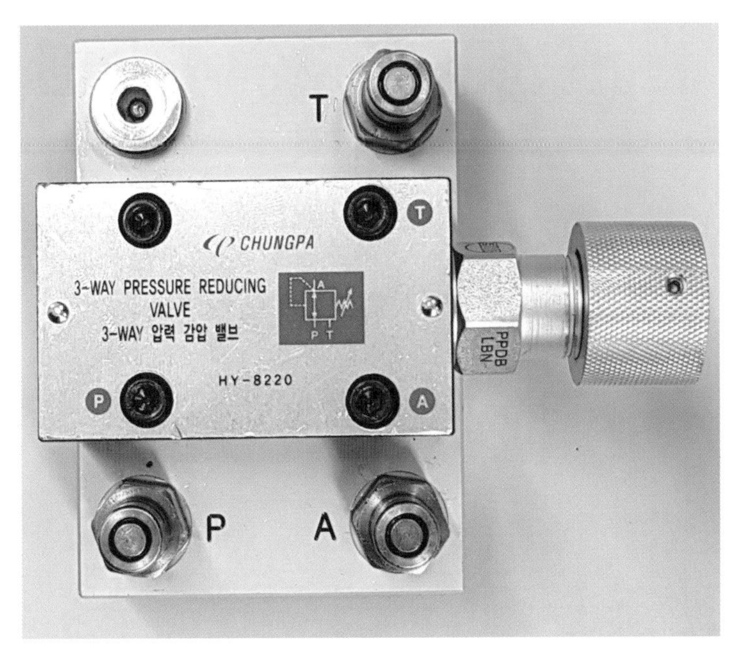

감압 밸브

유압 1

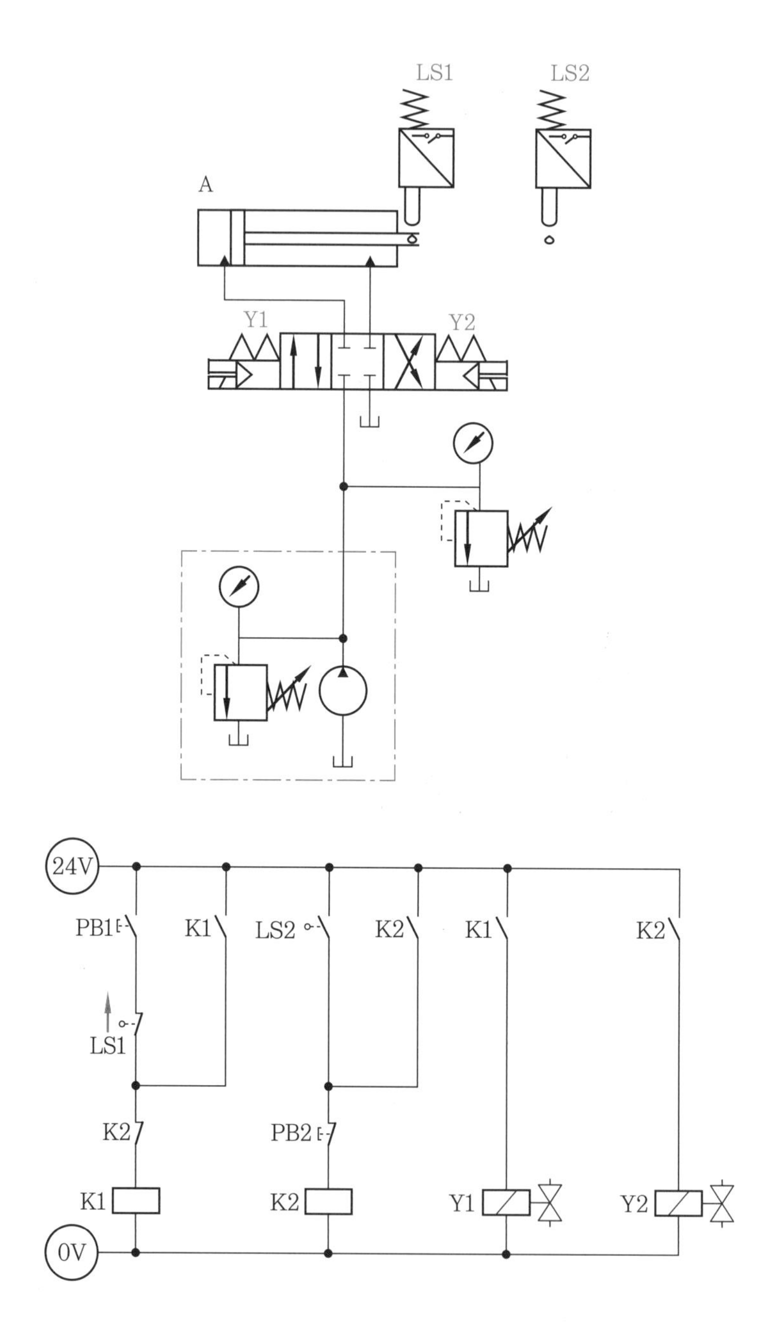

작동 방법

PB1을 ON-OFF하면 실린더는 1회 전 · 후진한다. 후진 중에 PB2를 ON-OFF하면 후진 중간 정지가 되어야 한다.

유압 2

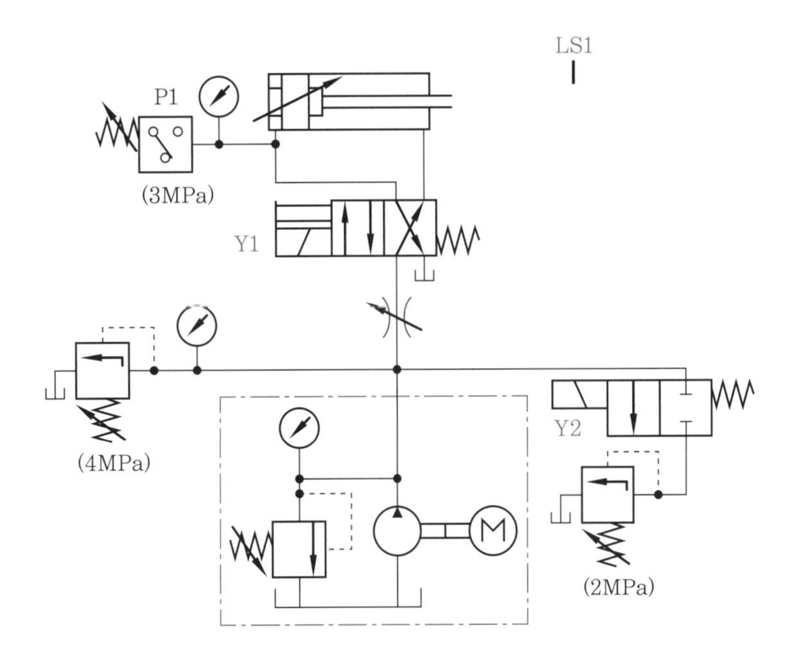
LS1
P1
(3MPa)
Y1
(4MPa)
Y2
(2MPa)

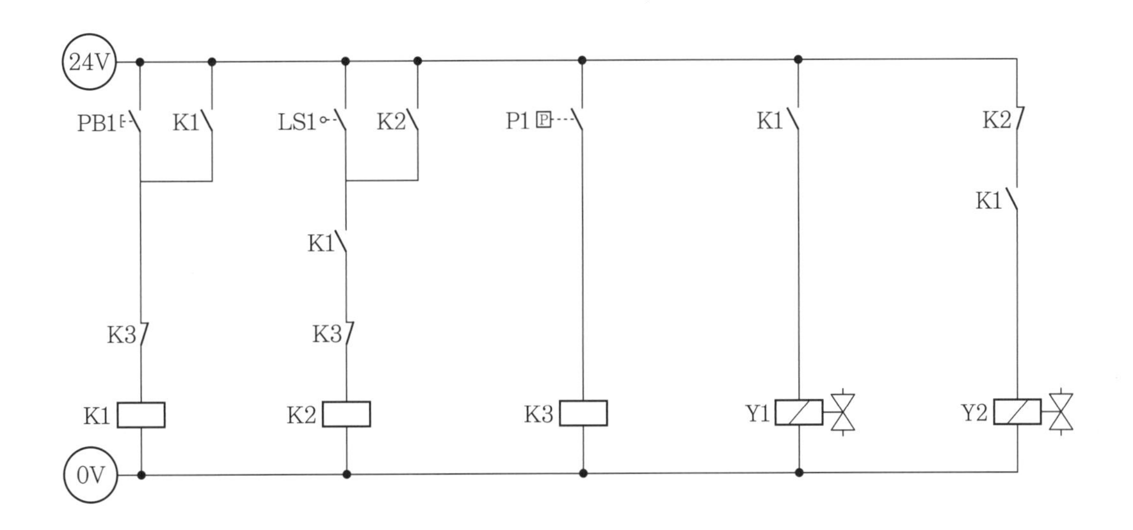
24V
PB1
K1
LS1
K2
P1
K1
K2
K1
K1
K3
K3
K1
K2
K3
Y1
Y2
0V

유압 3

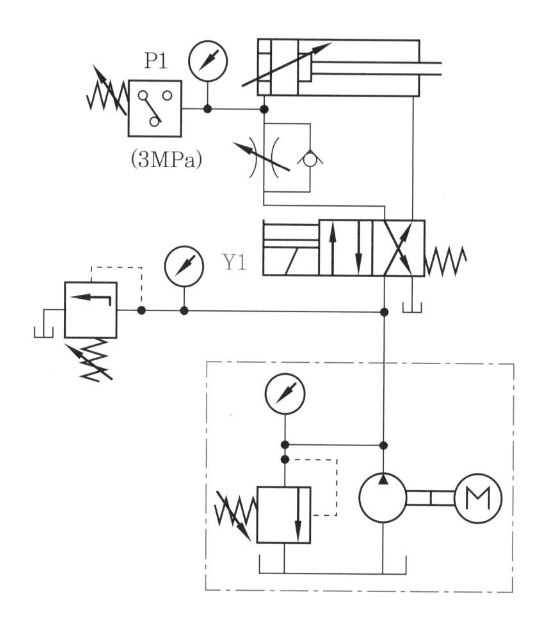

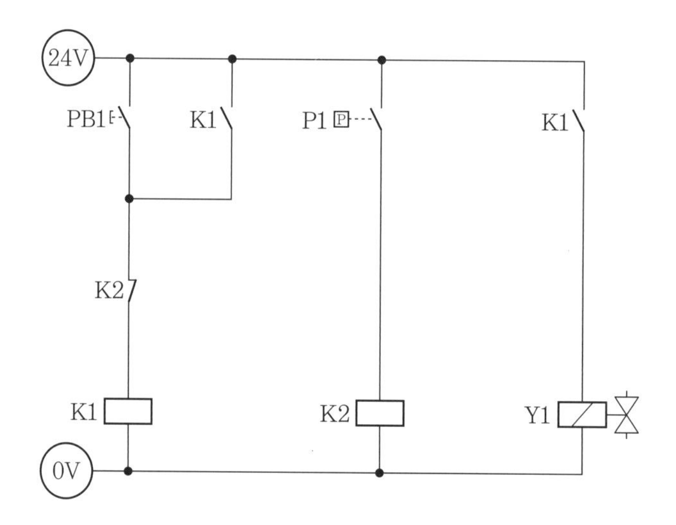

유압 4

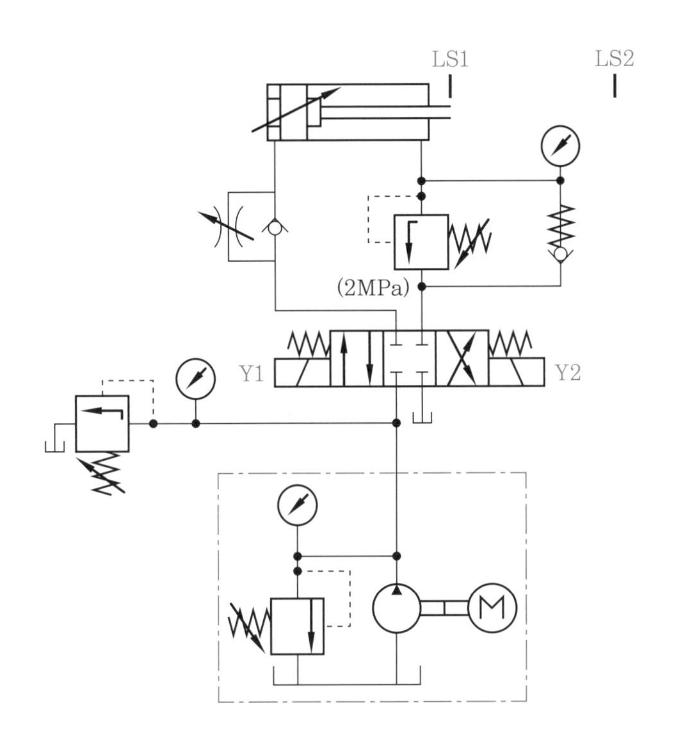

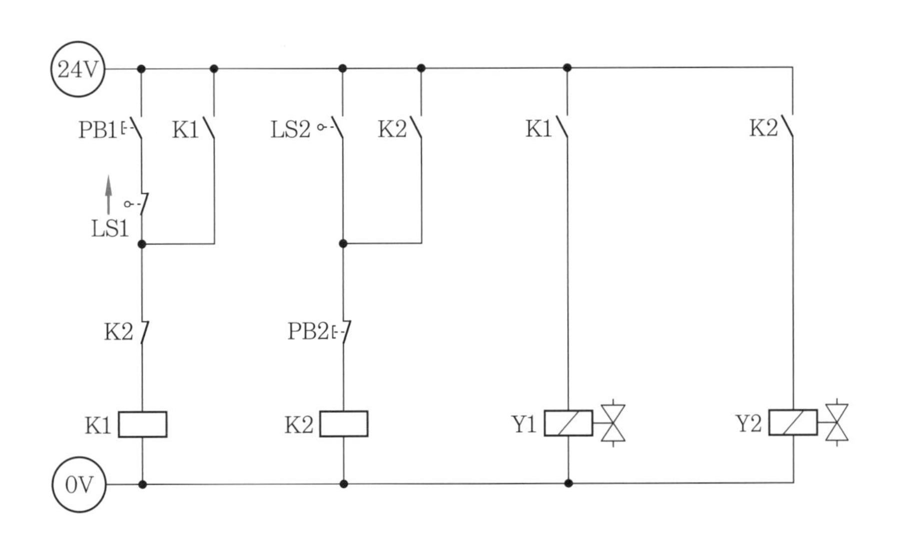

유압 5

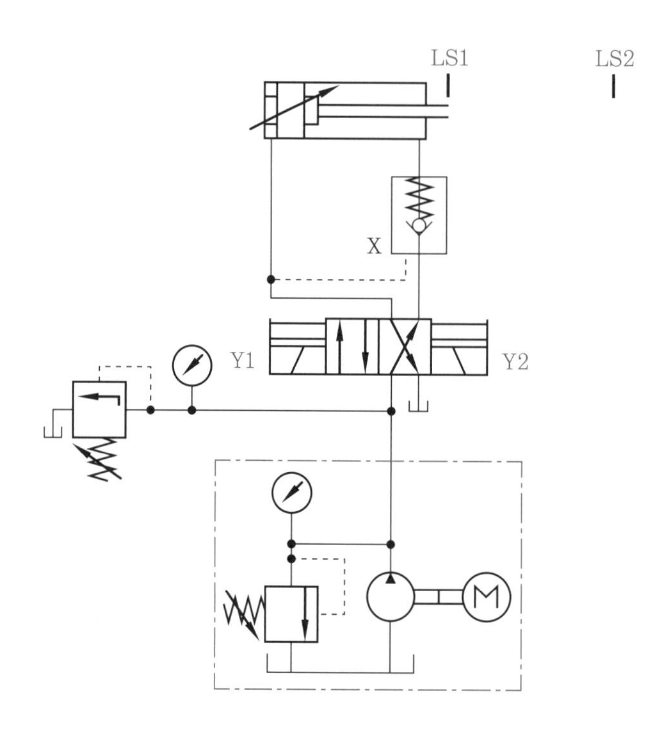

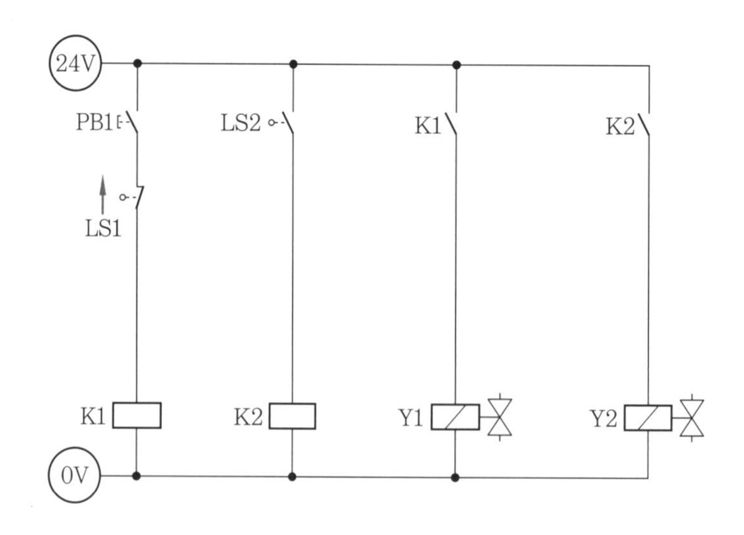

유압 6

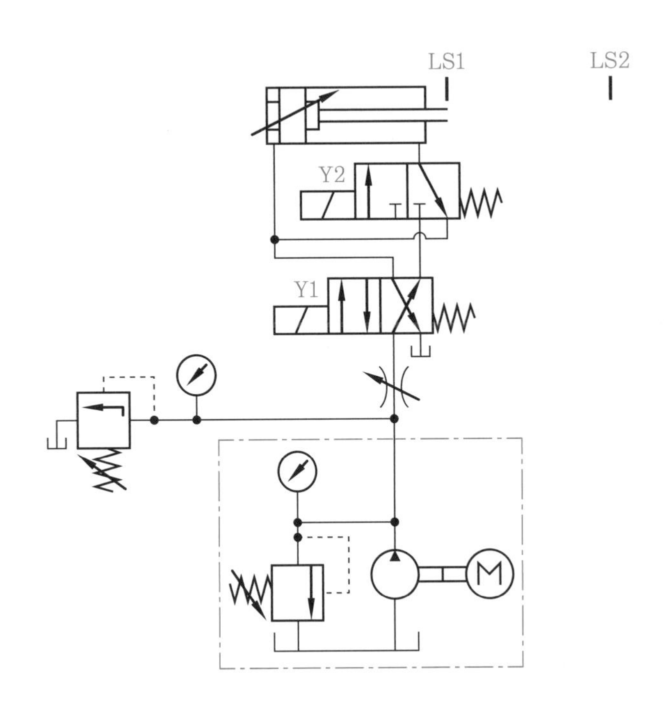
LS1
LS2
Y2
Y1

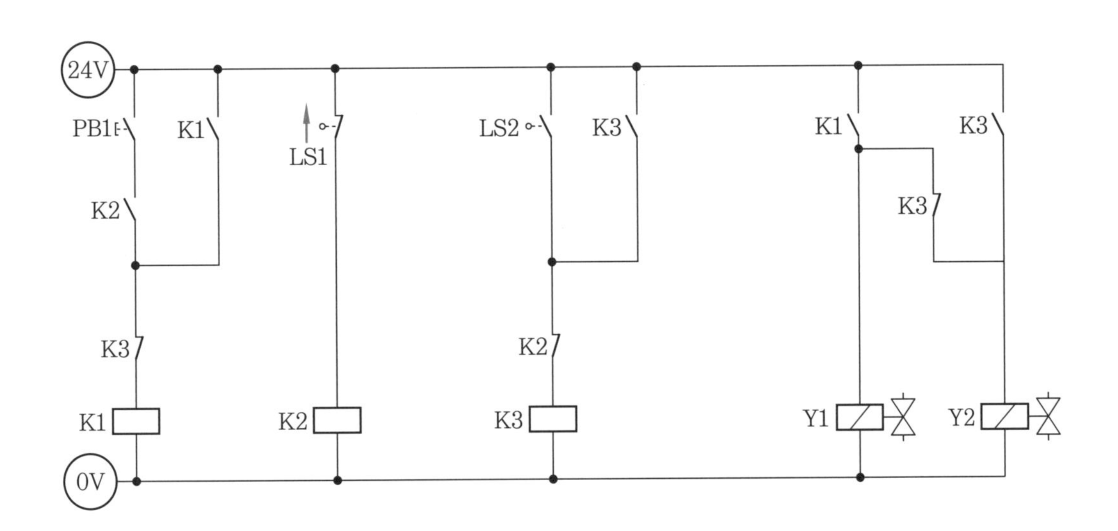
24V
PB1
K1
LS1
LS2
K3
K1
K3
K2
K3
K3
K2
K1
K2
K3
Y1
Y2
0V

유압 7

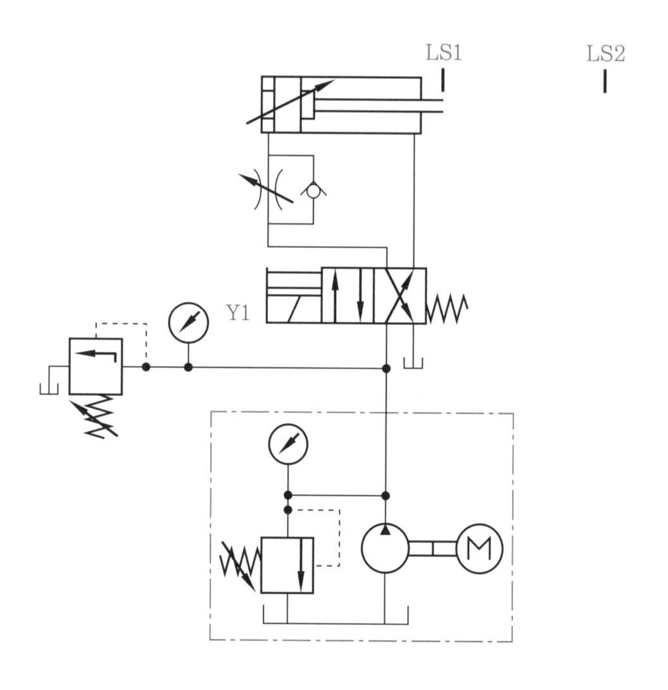

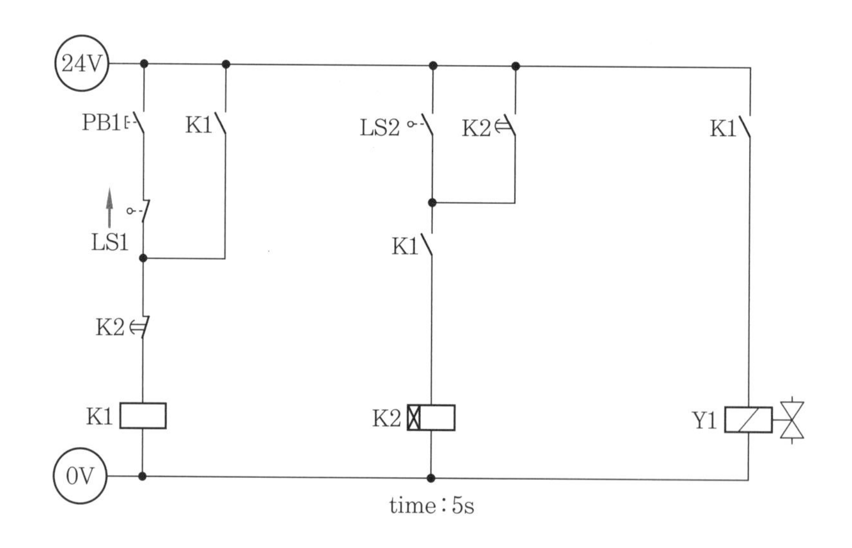

유압 8

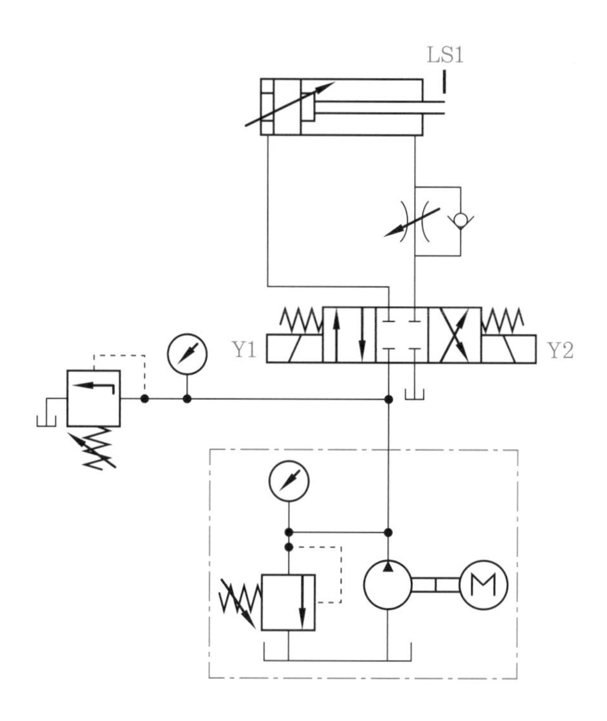

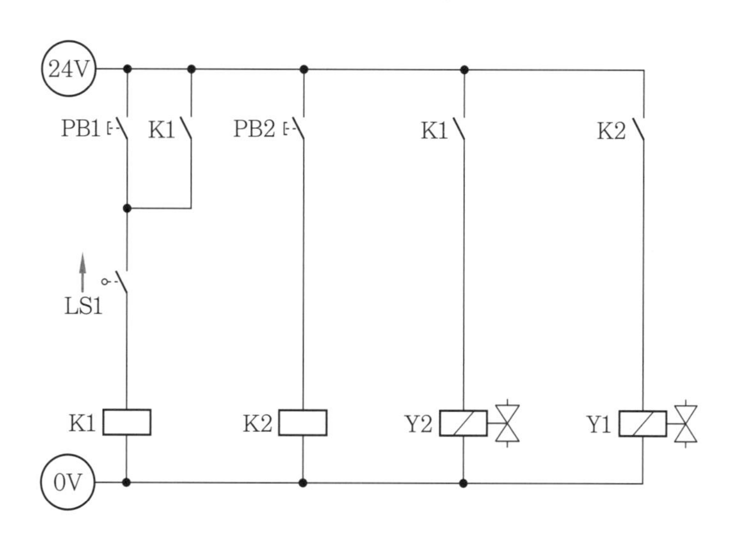

유압 9

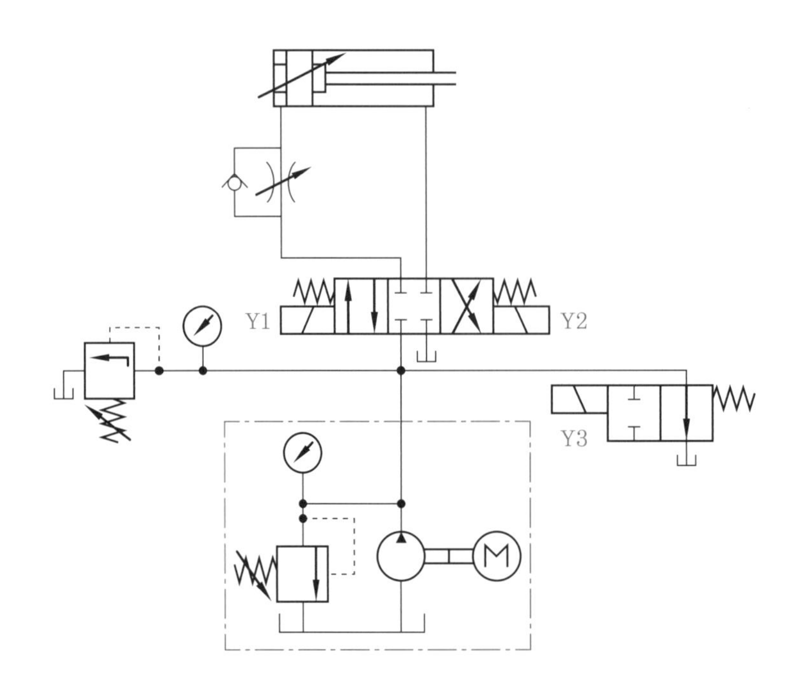

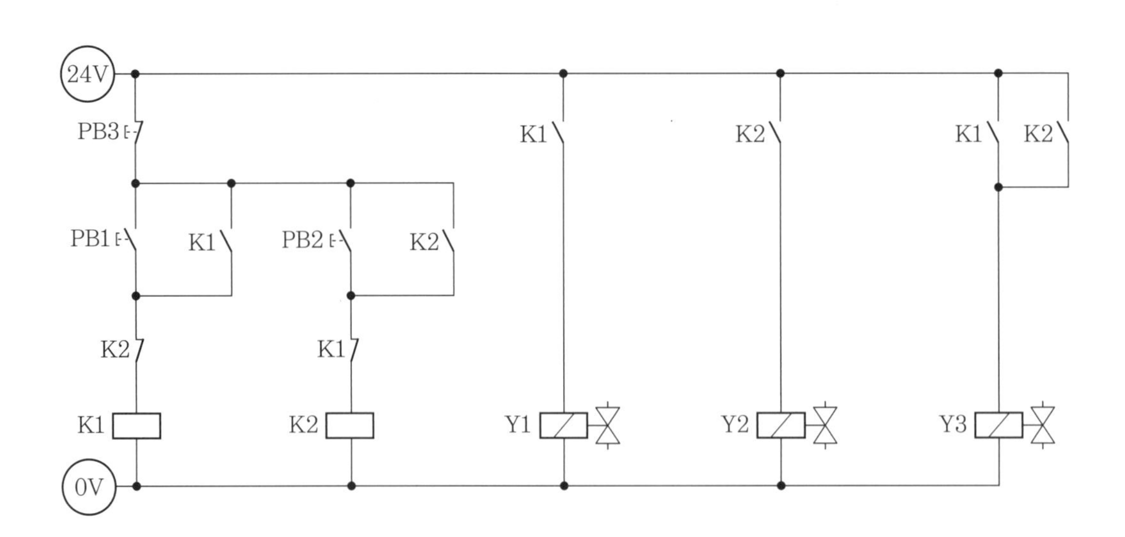

유압 10

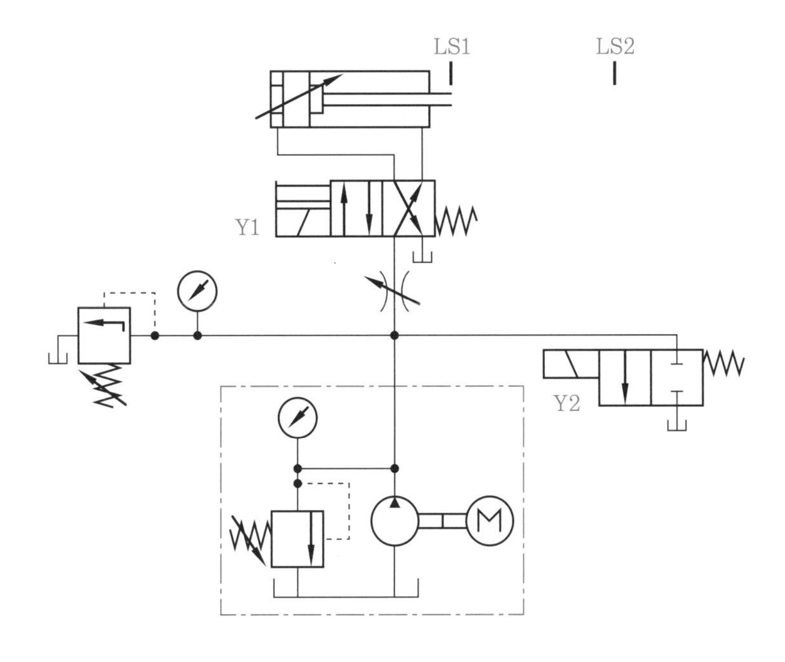

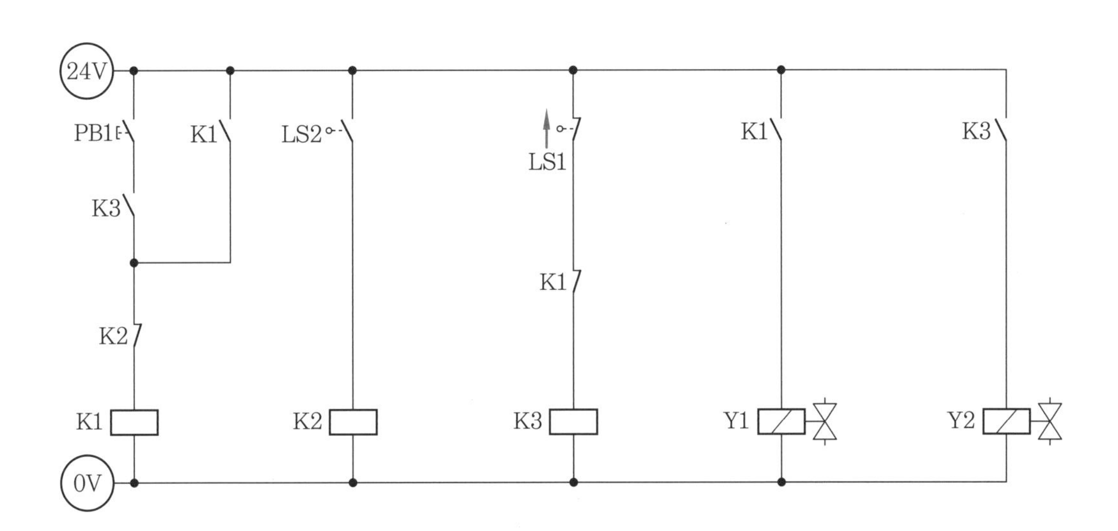

유압 11

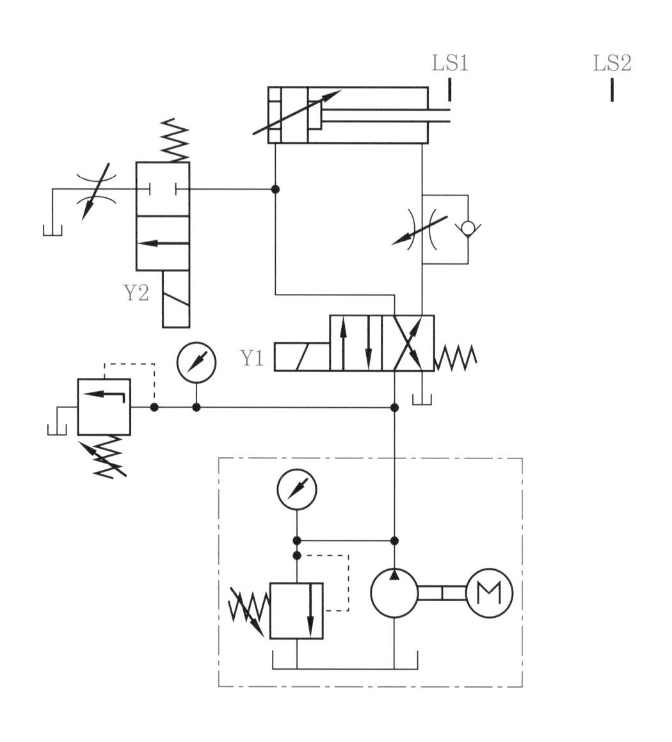

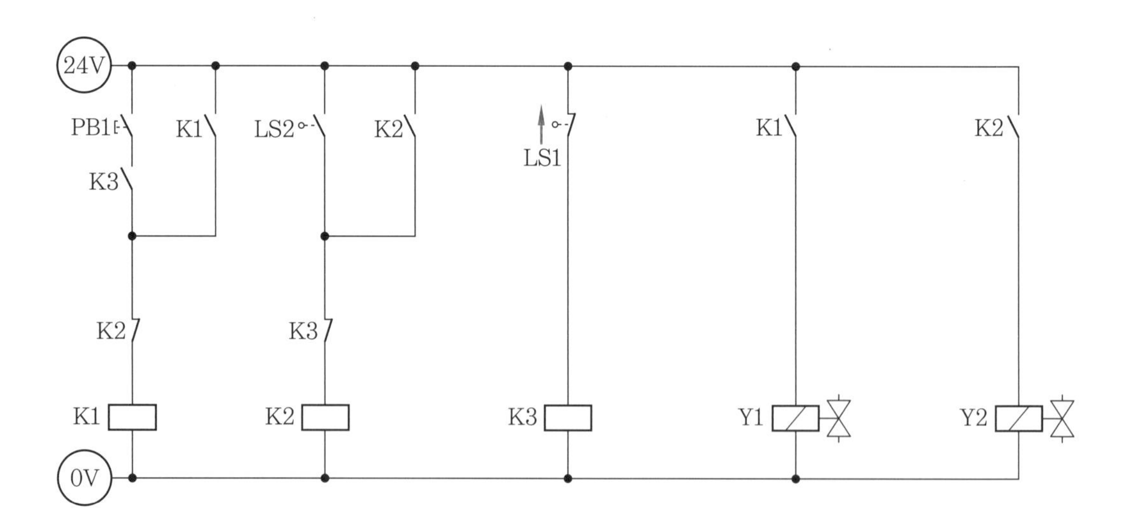

유압 12

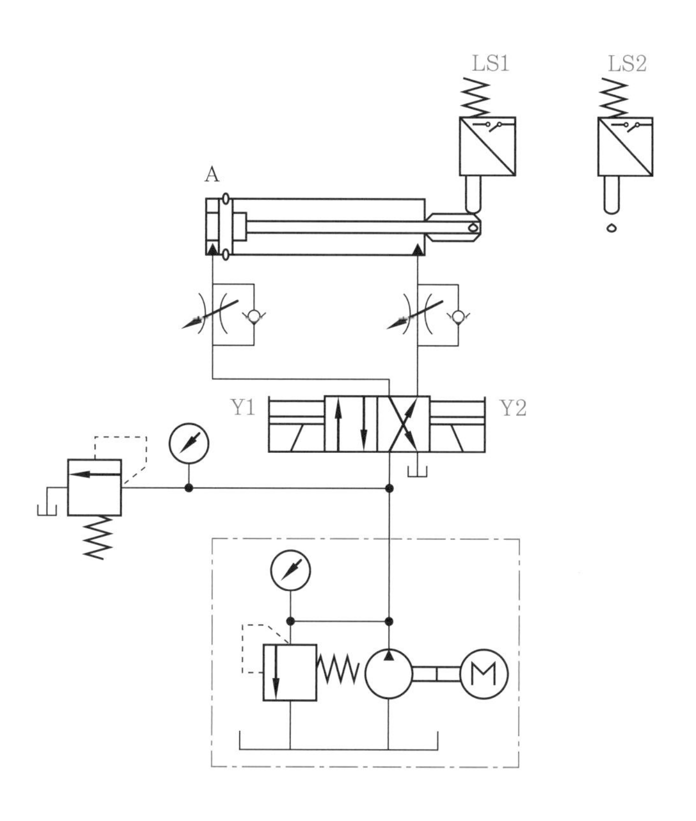

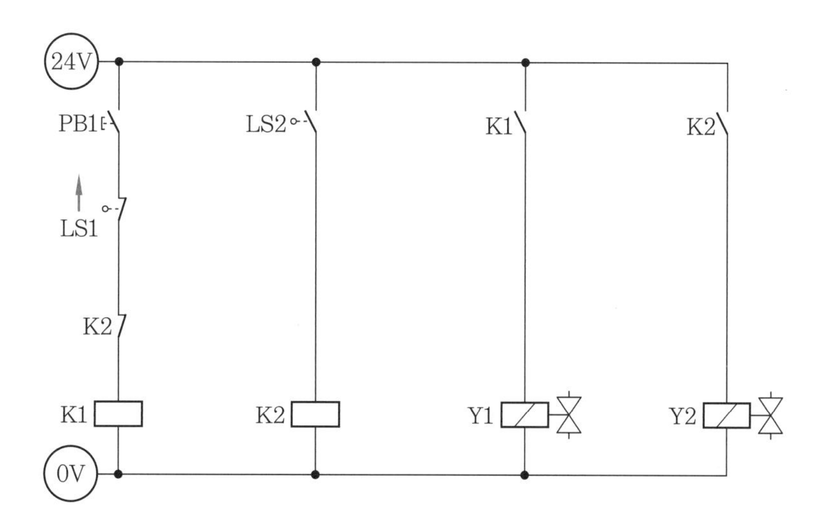

유압 13

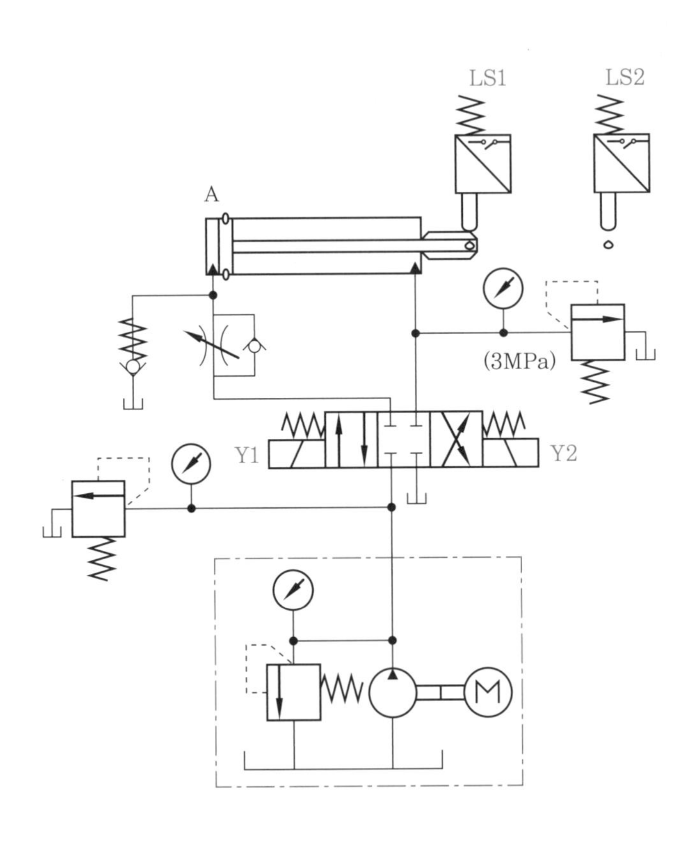
LS1
LS2
A
(3MPa)
Y1
Y2

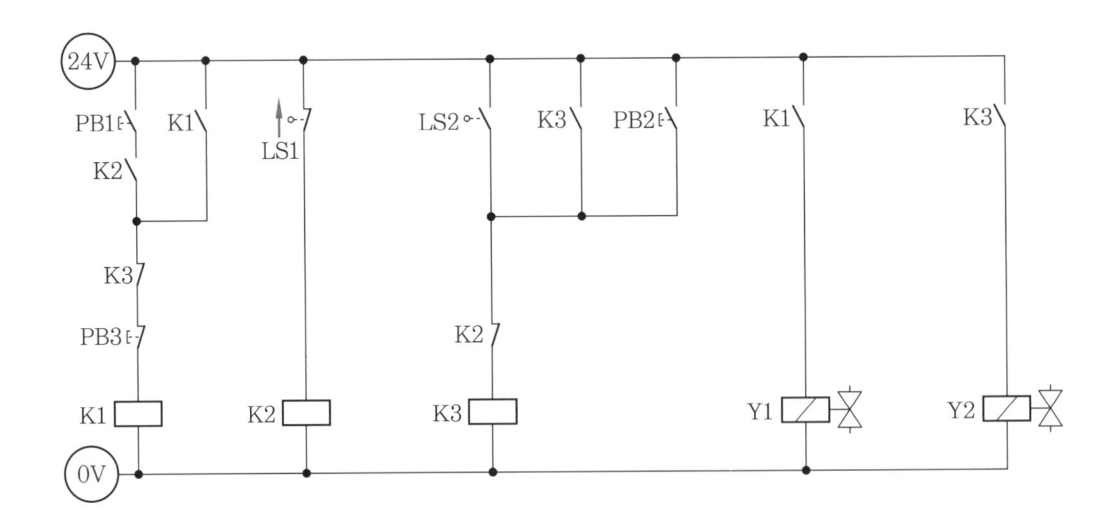
24V
PB1
K1
LS1
LS2
K3
PB2
K1
K3
K2
K3
PB3
K2
K1
K2
K3
Y1
Y2
0V

유압 14

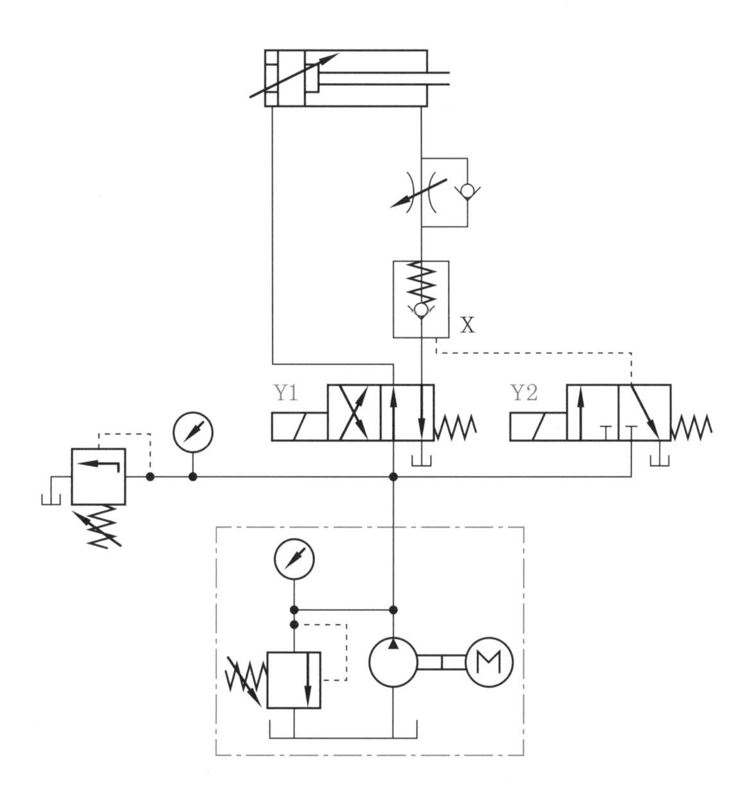

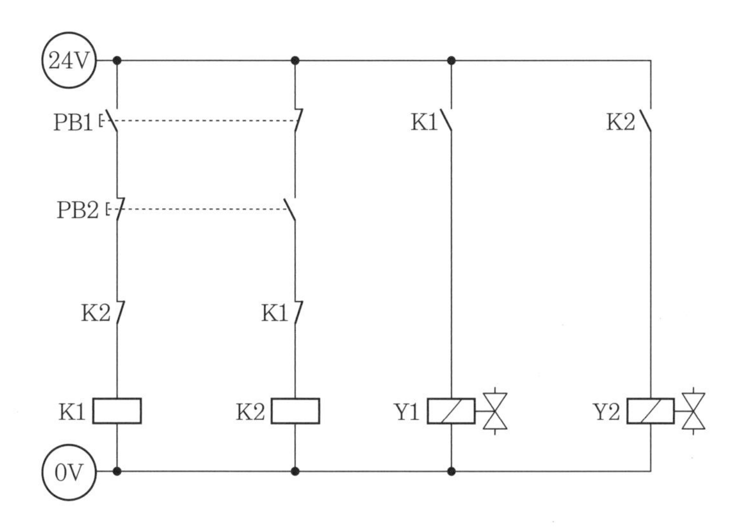

Chapter

4

기계요소 정비 작업

기계요소 정비 작업

1 소요시간 : 2시간

(1) 기계요소 스케치 작업

① 주어진 감속기를 분해하고 기존 부착된 개스킷을 시험위원에게 제출하시오.
※ 단, 부품번호 8번 부품이 테이퍼 베어링의 경우, 내륜은 분해하지 않아도 된다.

② 주어진 감속기와 도면 4를 참조하여 부품번호 2, 3, 4, 16번의 부품을 삼각법으로 스케치하고, 완성된 스케치도에 치수를 기입하여 제출하시오.
※ 단, 모따기 코너 R 등은 주서에 기록되면 작도를 생략할 수 있다.

(2) 기계요소 정비 작업

① 분해한 감속기를 보고 주어진 도면 4의 부품란을 참고하여 주어진 곳의 요구사항을 답지 5에 기입하여 제출하시오.

② 개스킷 3장을 제작하고, 제작된 개스킷을 시험위원에게 확인 받으시오.

③ 다시 조립한 후 동작상태를 시험위원에게 확인 받으시오.

2 작업 순서

1 감속기 분해

(1) 감속기 이상 유무 확인

감속기의 원동축을 회전시켜 종동축이 원활하게 회전되고 있는지 확인한다.

감속기 확인

(2) 감속기 분해

감속기의 원동축 커버 및 종동축 커버의 볼트를 스패너나 L 렌치를 이용하여 분해하고 커버를 분리시킨다.

종동축 커버 분해

커버

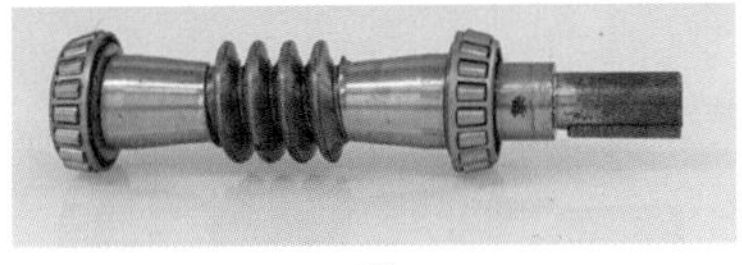

웜

웜 휠

(3) 개스킷 제출

기존에 부착된 개스킷을 감속기 커버에서 분리시켜 제출한다.

2 지필 문제 답안 작성

분해된 감속기와 도면의 감속기 구조도를 참조하여 Ⓐ ~ Ⓓ의 명칭과 지시하는 질문을 [답지 3]에 기록한다.

감속기 1

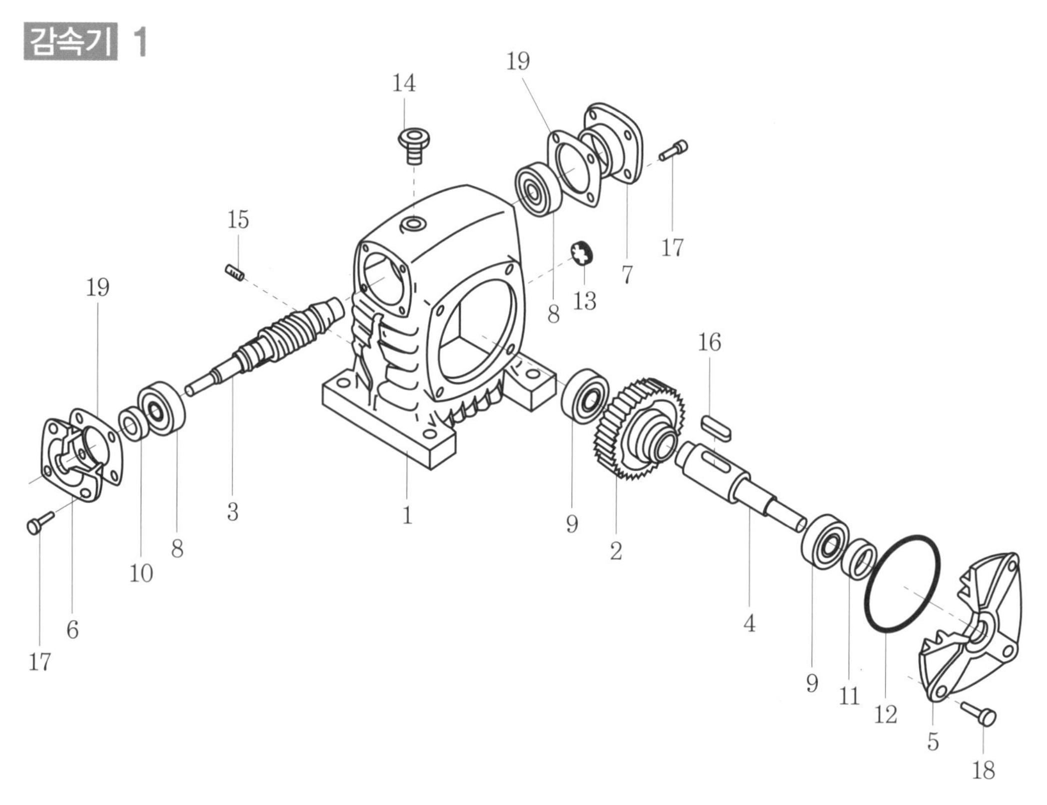

부품번호	부품명	부품번호	부품명
1	케이스(case)	11	오일 실(oil seal)
2	Ⓐ	12	O-링(O-ring)
3	원동축	13	Ⓒ
4	종동축	14	오일 캡(에어 벤트)
5	Ⓑ	15	드레인 플러그(drain plug)
6	원동축 커버	16	키(key)
7	원동축 커버	17	볼트
8	베어링(bearing)	18	볼트
9	베어링(bearing)	19	Ⓓ
10	오일 실(oil seal)		

[답지 3]

1. Ⓐ의 부품명을 적으시오.

2. Ⓑ의 부품명을 적으시오.

3. Ⓒ의 부품명을 적으시오.

4. Ⓓ의 부품명을 적으시오.

5. 부품 8의 규격을 적으시오.

감속기 2

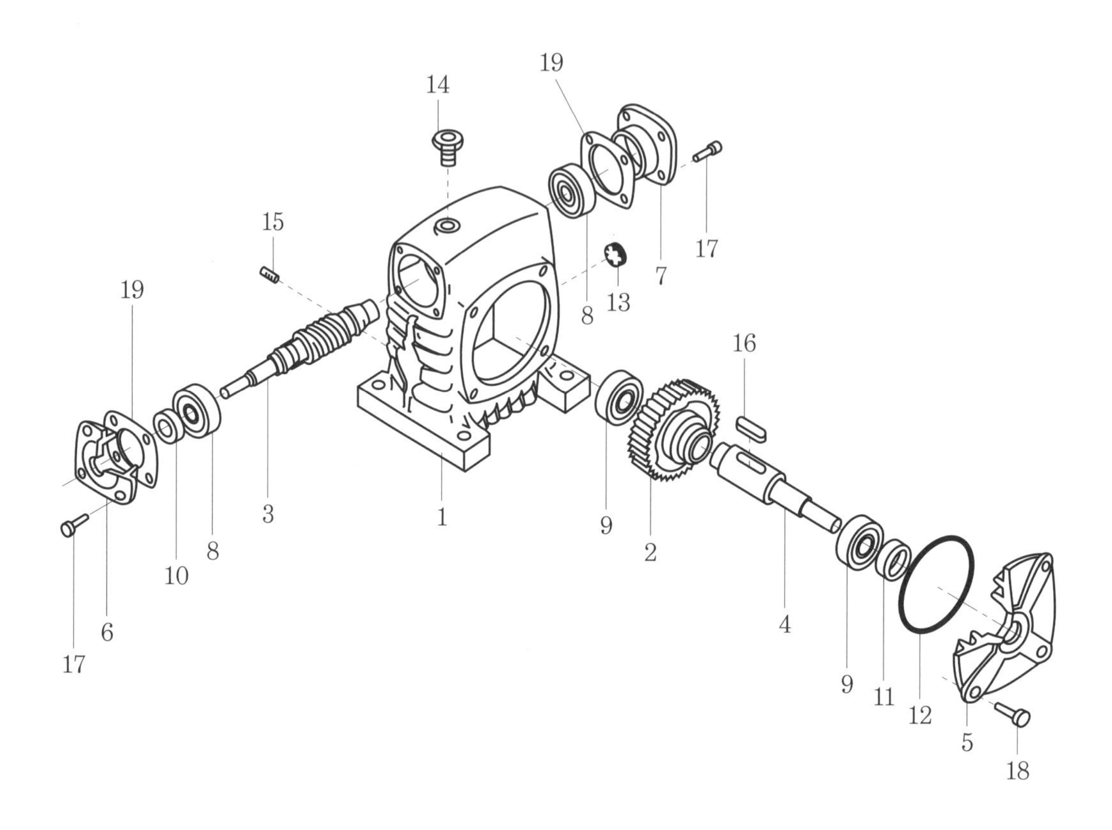

부품번호	부품명	부품번호	부품명
1	Ⓐ	11	오일 실(oil seal)
2	웜 휠(worm wheel)	12	O-링(O-ring)
3	원동축	13	Ⓓ
4	Ⓑ	14	오일 캡(에어 벤트)
5	Ⓒ	15	드레인 플러그(drain plug)
6	원동축 커버	16	키(key)
7	원동축 커버	17	볼트
8	베어링(bearing)	18	볼트
9	베어링(bearing)	19	개스킷(gasket)
10	오일 실(oil seal)		

[답지 3]

1. Ⓐ의 부품명을 적으시오.

---

2. Ⓑ의 부품명을 적으시오.

---

3. Ⓒ의 부품명을 적으시오.

---

4. Ⓓ의 부품명을 적으시오.

---

5. 부품 16의 역할을 적으시오.

감속기 3

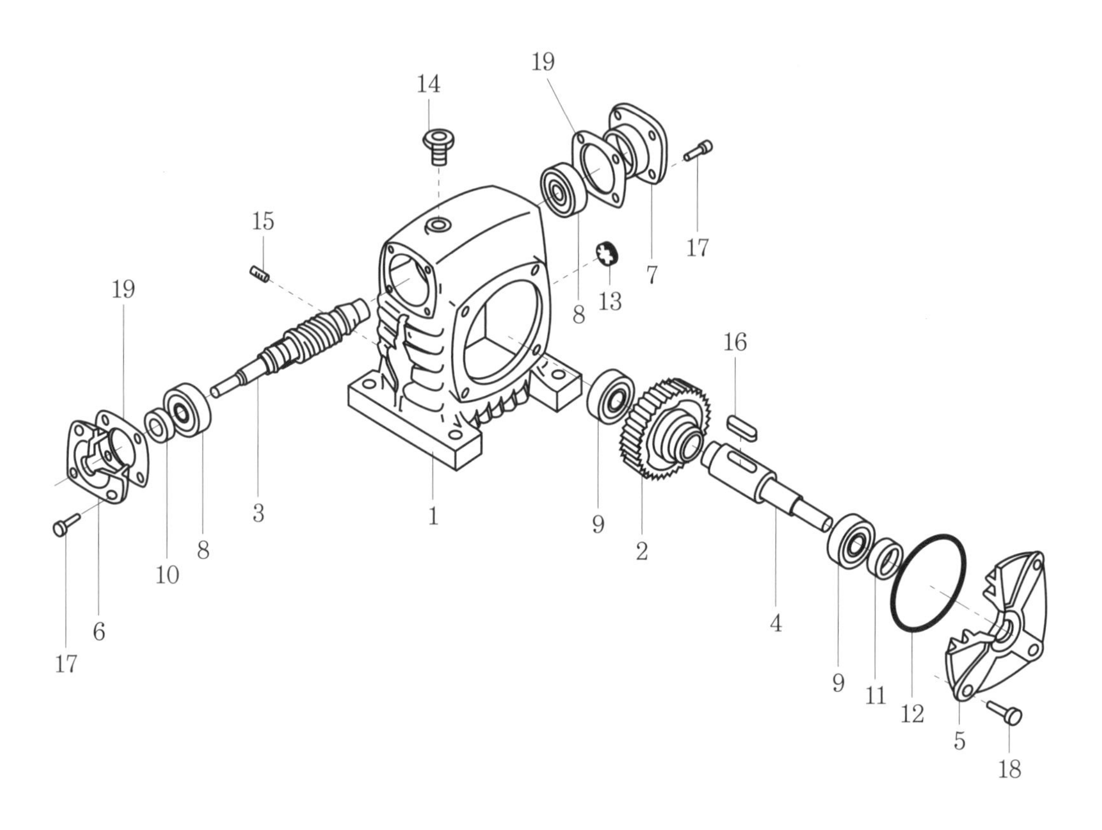

부품번호	부품명	부품번호	부품명
1	Ⓐ	11	오일 실(oil seal)
2	Ⓑ	12	O-링(O-ring)
3	원동축	13	유면창(유면계)
4	종동축	14	Ⓓ
5	종동축 커버	15	드레인 플러그(drain plug)
6	원동축 커버	16	키(key)
7	원동축 커버	17	볼트
8	베어링(bearing)	18	볼트
9	Ⓒ	19	개스킷(gasket)
10	오일 실(oil seal)		

[답지 3]

1. Ⓐ의 부품명을 적으시오.

2. Ⓑ의 부품명을 적으시오.

3. Ⓒ의 부품명을 적으시오.

4. Ⓓ의 부품명을 적으시오.

5. 부품 18의 규격을 적으시오.

감속기 4

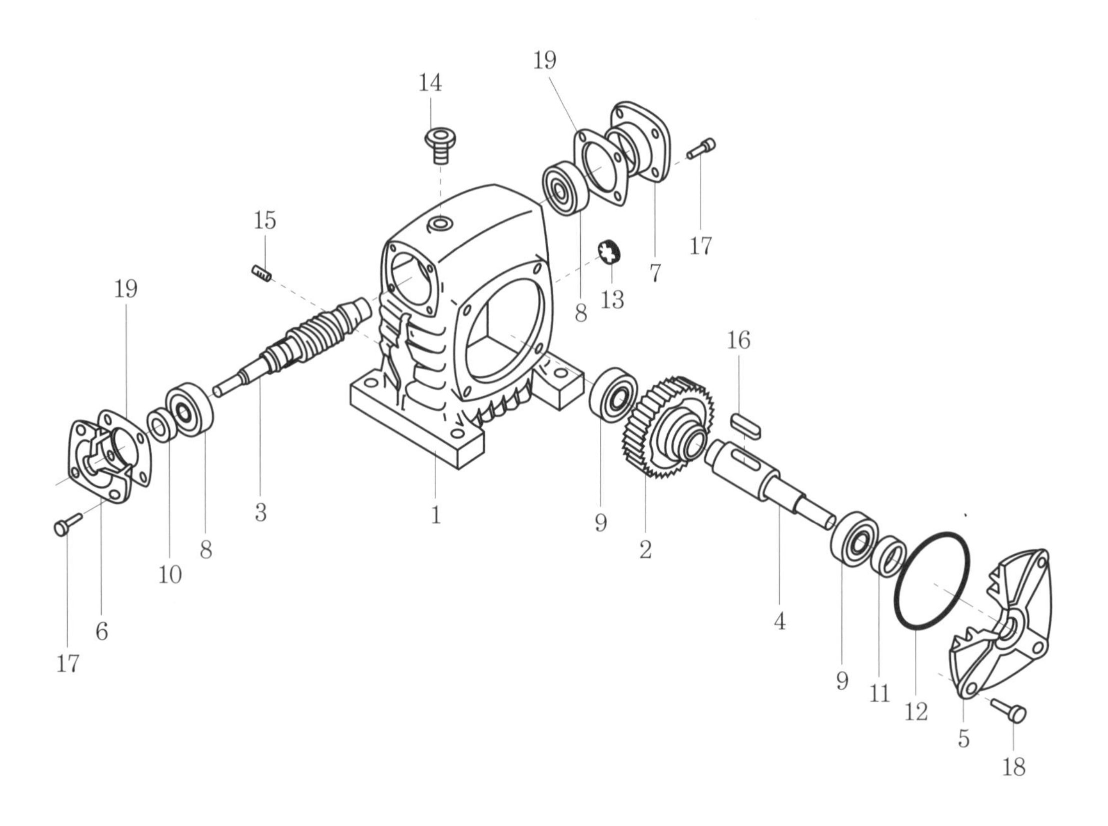

부품번호	부품명	부품번호	부품명
1	케이스(case)	11	Ⓒ
2	Ⓐ	12	O-링(O-ring)
3	원동축	13	유면창(유면계)
4	Ⓑ	14	오일 캡(에어 벤트)
5	종동축 커버	15	Ⓓ
6	원동축 커버	16	키(key)
7	원동축 커버	17	볼트
8	베어링(bearing)	18	볼트
9	베어링(bearing)	19	개스킷(gasket)
10	Ⓒ		

[답지 3]

1. Ⓐ의 부품명을 적으시오.

2. Ⓑ의 부품명을 적으시오.

3. Ⓒ의 부품명을 적으시오.

4. Ⓓ의 부품명을 적으시오.

5. 부품 16의 용도를 적으시오.

감속기 5

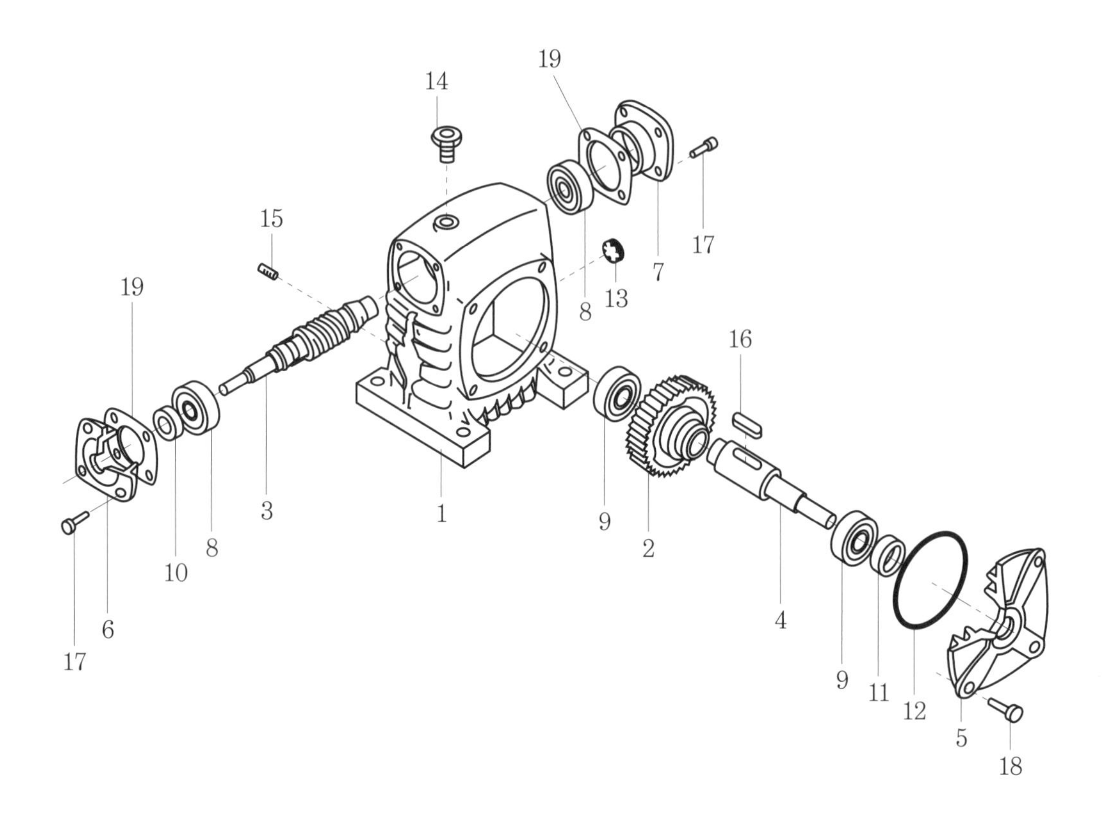

부품번호	부품명	부품번호	부품명
1	케이스(case)	11	오일 실(oil seal)
2	Ⓐ	12	O-링(O-ring)
3	원동축	13	Ⓒ
4	종동축	14	오일 캡(에어 벤트)
5	Ⓑ	15	드레인 플러그(drain plug)
6	원동축 커버	16	키(key)
7	원동축 커버	17	볼트
8	베어링(bearing)	18	볼트
9	베어링(bearing)	19	Ⓓ
10	오일 실(oil seal)		

[답지 3]

1. Ⓐ의 부품명을 적으시오.

2. Ⓑ의 부품명을 적으시오.

3. Ⓒ의 부품명을 적으시오.

4. Ⓓ의 부품명을 적으시오.

5. 부품 17의 규격을 적으시오.

감속기 6

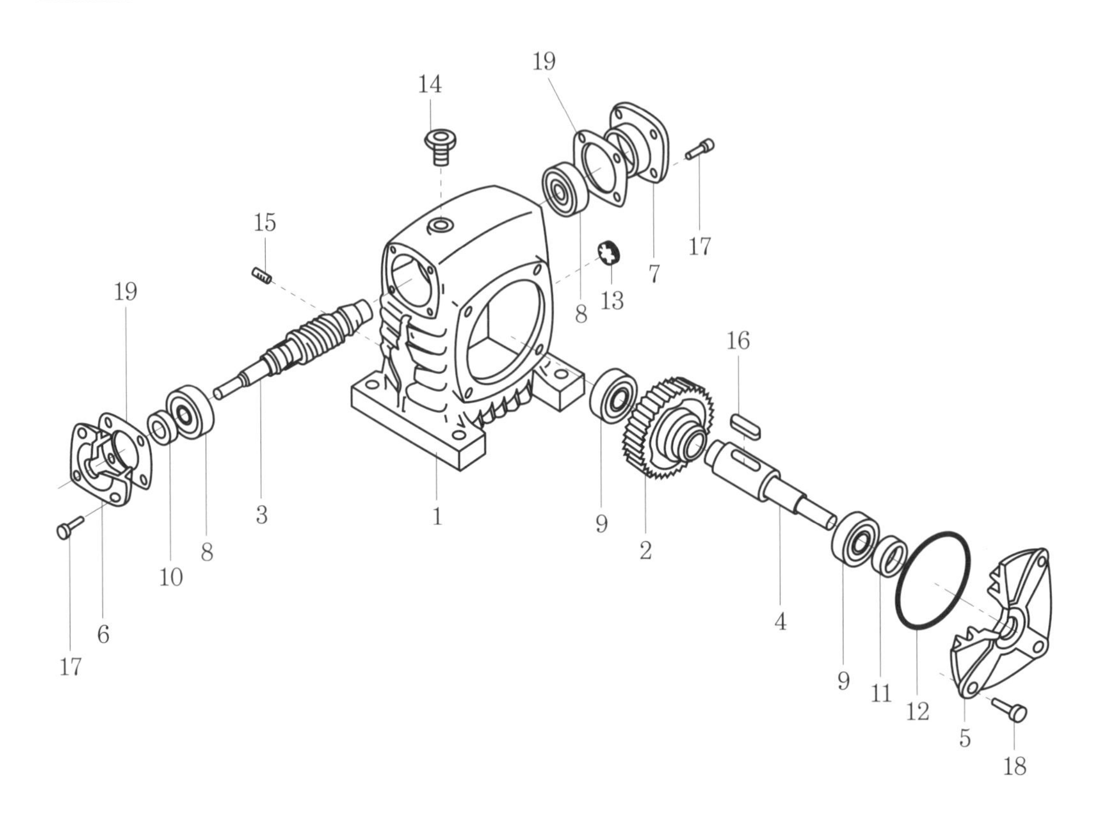

부품번호	부품명	부품번호	부품명
1	케이스(case)	11	Ⓑ
2	웜 휠(worm wheel)	12	O-링(O-ring)
3	원동축	13	Ⓒ
4	Ⓐ	14	Ⓓ
5	종동축 커버	15	드레인 플러그(drain plug)
6	원동축 커버	16	키(key)
7	원동축 커버	17	볼트
8	베어링(bearing)	18	볼트
9	베어링(bearing)	19	개스킷(gasket)
10	Ⓑ		

[답지 3]

1. Ⓐ의 부품명을 적으시오.

2. Ⓑ의 부품명을 적으시오.

3. Ⓒ의 부품명을 적으시오.

4. Ⓓ의 부품명을 적으시오.

5. 부품 17의 규격을 적으시오.

감속기 7

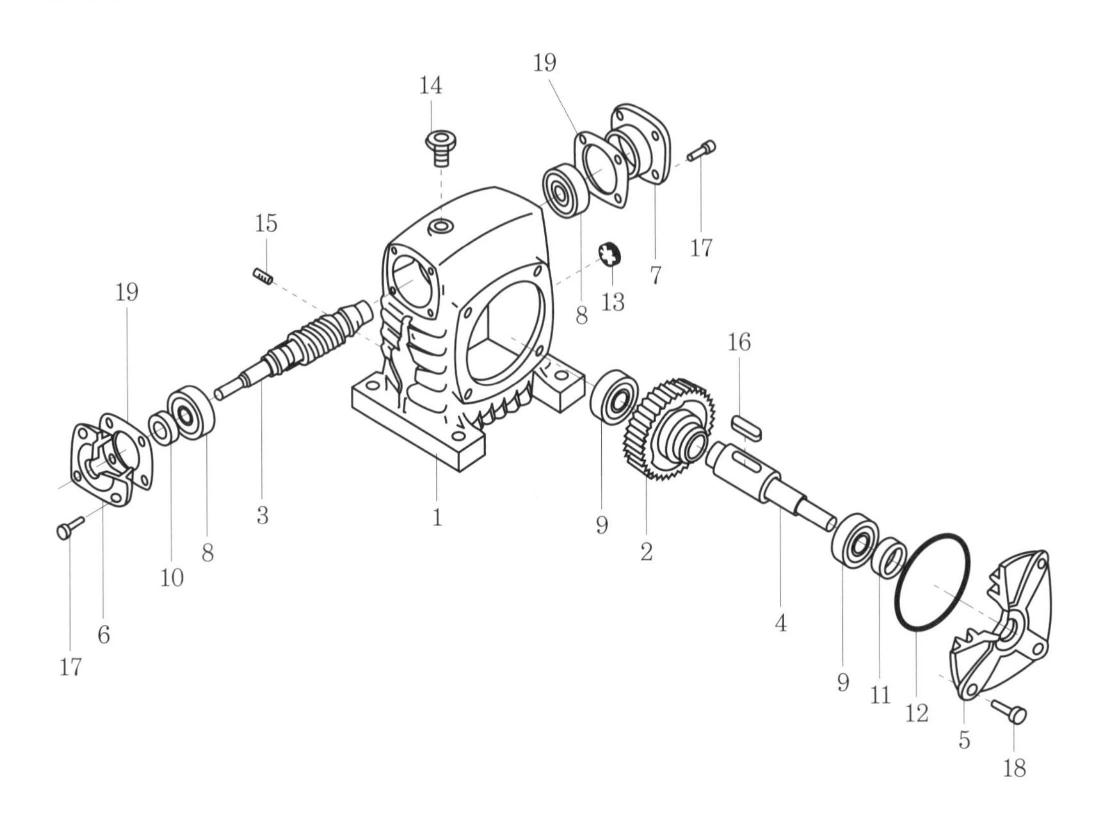

부품번호	부품명	부품번호	부품명
1	케이스(case)	11	오일 실(oil seal)
2	웜 휠(worm wheel)	12	O-링(O-ring)
3	Ⓐ	13	유면창(유면계)
4	종동축	14	오일 캡(에어 벤트)
5	Ⓑ	15	드레인 플러그(drain plug)
6	원동축 커버	16	Ⓒ
7	원동축 커버	17	Ⓓ
8	베어링(bearing)	18	Ⓓ
9	베어링(bearing)	19	개스킷(gasket)
10	오일 실(oil seal)		

[답지 3]

1. Ⓐ의 부품명을 적으시오.

2. Ⓑ의 부품명을 적으시오.

3. Ⓒ의 부품명을 적으시오.

4. Ⓓ의 부품명을 적으시오.

5. 부품 10, 11의 용도를 적으시오.

감속기 8

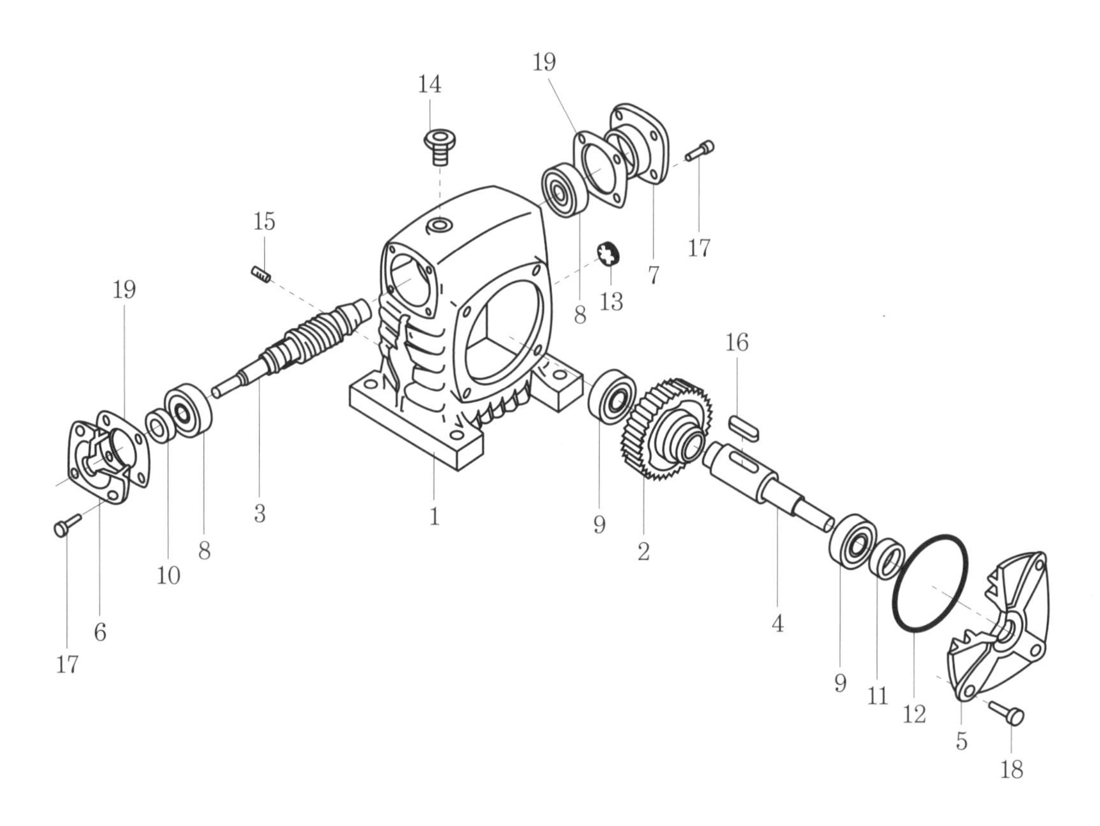

부품번호	부품명	부품번호	부품명
1	케이스(case)	11	오일 실(oil seal)
2	웜 휠(worm wheel)	12	O-링(O-ring)
3	원동축	13	Ⓒ
4	종동축	14	오일 캡(에어 벤트)
5	Ⓐ	15	Ⓓ
6	원동축 커버	16	키(key)
7	원동축 커버	17	볼트
8	Ⓑ	18	볼트
9	Ⓑ	19	개스킷(gasket)
10	오일 실(oil seal)		

[답지 3]

1. Ⓐ의 부품명을 적으시오.

____

2. Ⓑ의 부품명을 적으시오.

____

3. Ⓒ의 부품명을 적으시오.

____

4. Ⓓ의 부품명을 적으시오.

____

5. 부품 19의 용도를 적으시오.

____

감속기 9

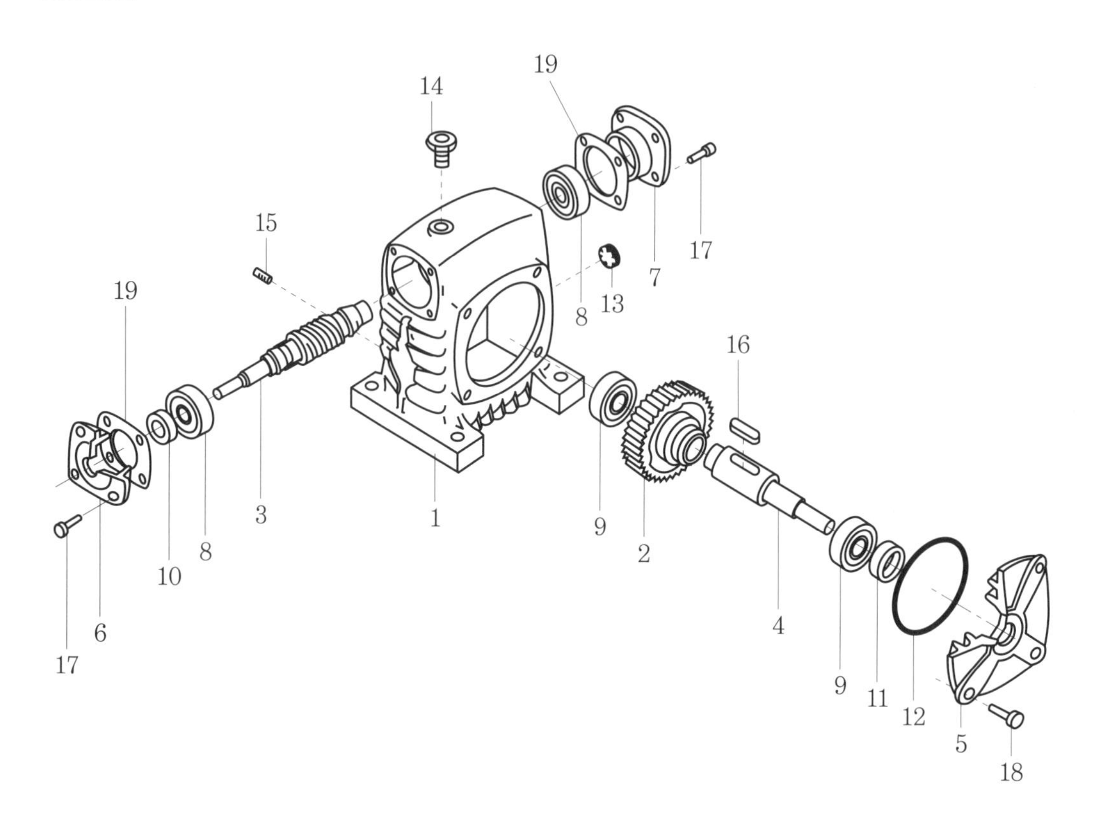

부품번호	부품명	부품번호	부품명
1	케이스(case)	11	오일 실(oil seal)
2	웜 휠(worm wheel)	12	O-링(O-ring)
3	원동축	13	Ⓒ
4	Ⓐ	14	오일 캡(에어 벤트)
5	종동축 커버	15	드레인 플러그(drain plug)
6	원동축 커버	16	Ⓓ
7	원동축 커버	17	볼트
8	Ⓑ	18	볼트
9	Ⓑ	19	개스킷(gasket)
10	오일 실(oil seal)		

[답지 3]

1. Ⓐ의 부품명을 적으시오.

2. Ⓑ의 부품명을 적으시오.

3. Ⓒ의 부품명을 적으시오.

4. Ⓓ의 부품명을 적으시오.

5. 부품 11의 해당하는 형식을 다음 중에서 고르시오.

형식 : ㉮ S형 ㉯ G형 ㉰ D형

감속기 10

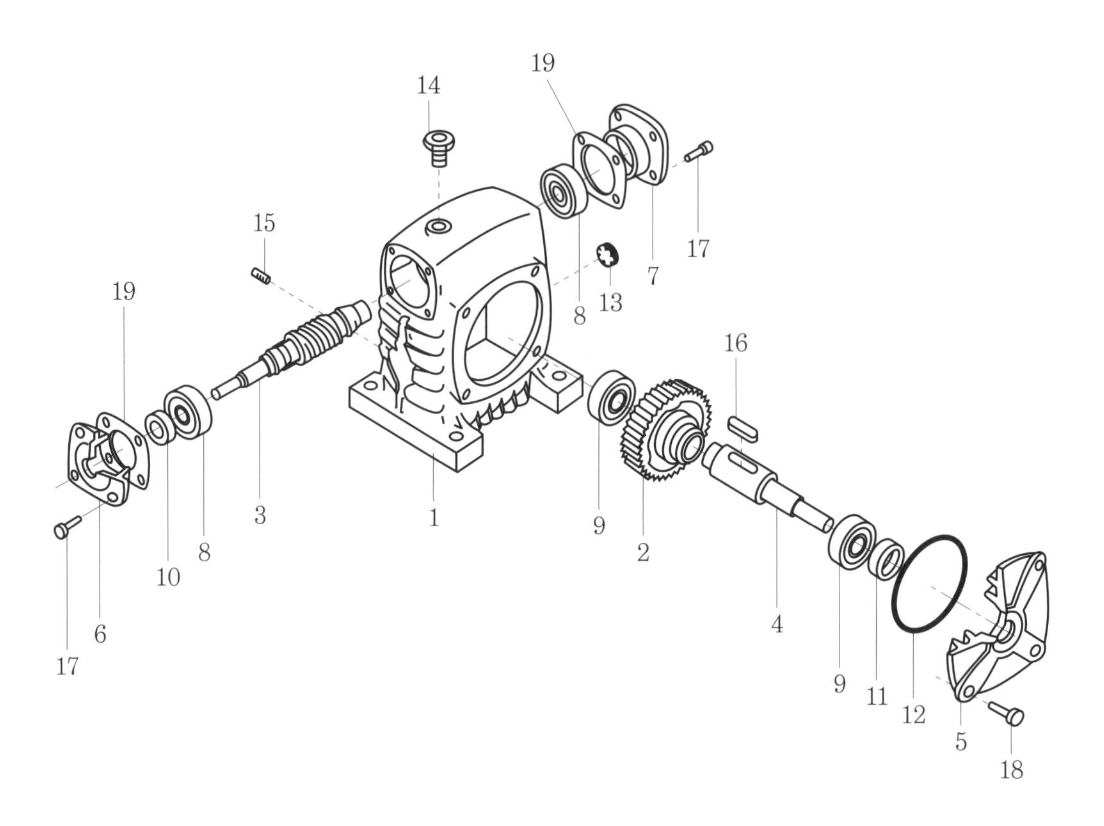

부품번호	부품명	부품번호	부품명
1	케이스(case)	11	오일 실(oil seal)
2	웜 휠(worm wheel)	12	O-링(O-ring)
3	Ⓐ	13	유면창(유면계)
4	Ⓑ	14	오일 캡(에어 벤트)
5	종동축 커버	15	Ⓒ
6	원동축 커버	16	키(key)
7	원동축 커버	17	볼트
8	베어링(bearing)	18	볼트
9	베어링(bearing)	19	Ⓓ
10	오일 실(oil seal)		

[답지 3]

1. Ⓐ의 부품명을 적으시오.

____

2. Ⓑ의 부품명을 적으시오.

____

3. Ⓒ의 부품명을 적으시오.

____

4. Ⓓ의 부품명을 적으시오.

____

5. 부품 15의 용도를 적으시오.

____

감속기 11

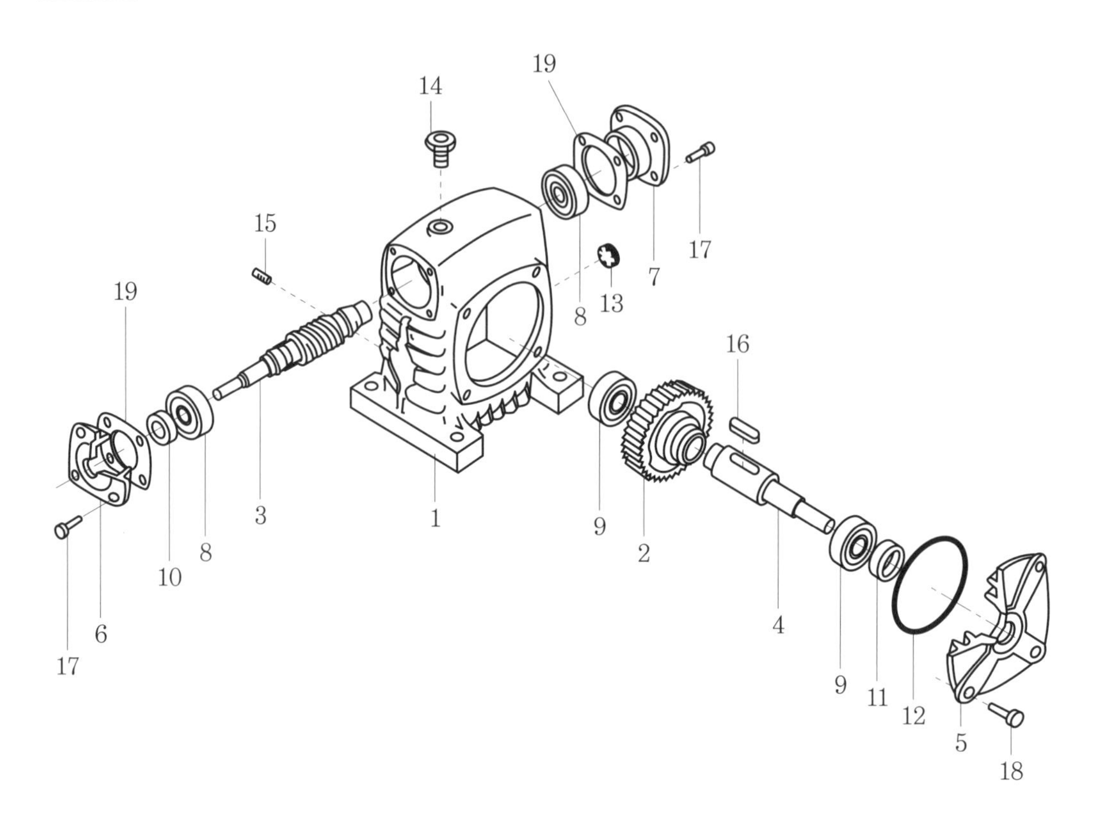

부품번호	부품명	부품번호	부품명
1	케이스(case)	11	Ⓑ
2	웜 휠(worm wheel)	12	O-링(O-ring)
3	원동축	13	Ⓒ
4	종동축	14	Ⓓ
5	Ⓐ	15	드레인 플러그(drain plug)
6	원동축 커버	16	키(key)
7	원동축 커버	17	볼트
8	베어링(bearing)	18	볼트
9	베어링(bearing)	19	개스킷(gasket)
10	Ⓑ		

[답지 3]

1. Ⓐ의 부품명을 적으시오.

____

2. Ⓑ의 부품명을 적으시오.

____

3. Ⓒ의 부품명을 적으시오.

____

4. Ⓓ의 부품명을 적으시오.

____

5. 부품 16의 규격을 적으시오.

____

감속기 12

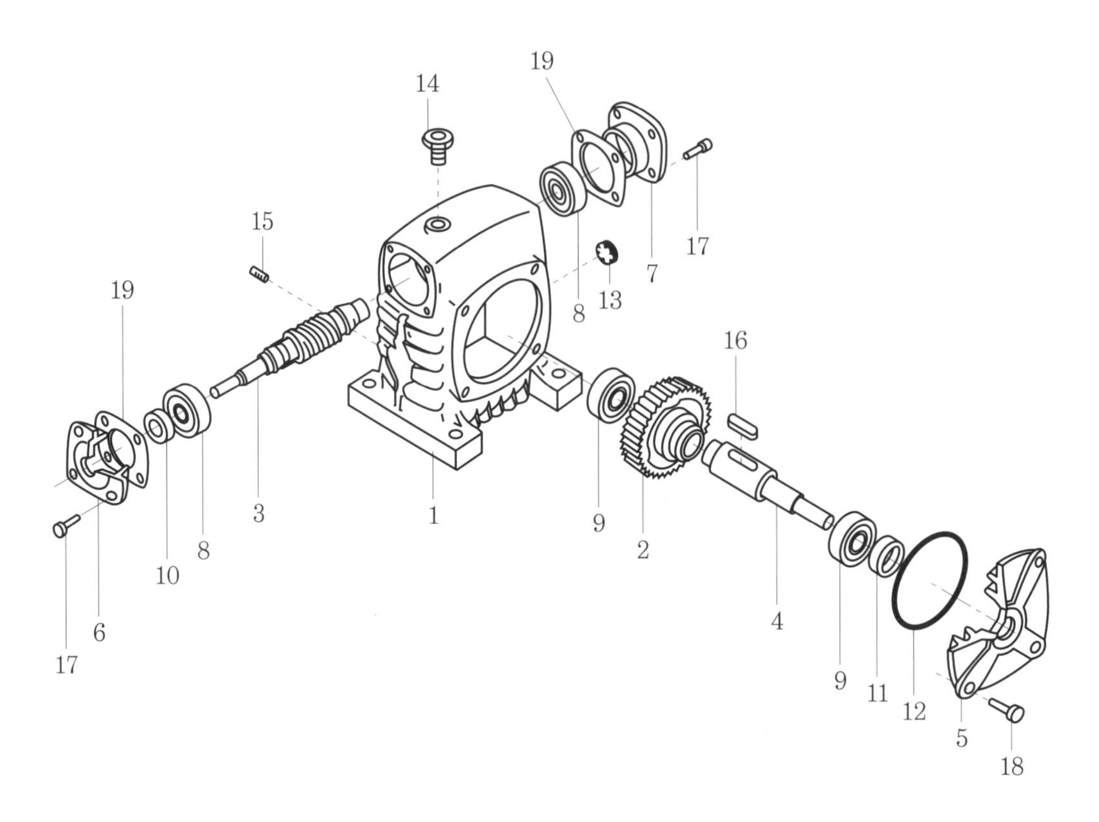

부품번호	부품명	부품번호	부품명
1	케이스(case)	11	Ⓑ
2	Ⓐ	12	O-링(O-ring)
3	원동축	13	유면창(유면계)
4	종동축	14	오일 캡(에어 벤트)
5	종동축 커버	15	Ⓒ
6	원동축 커버	16	Ⓓ
7	원동축 커버	17	볼트
8	베어링(bearing)	18	볼트
9	베어링(bearing)	19	개스킷(gasket)
10	Ⓑ		

[답지 3]

1. Ⓐ의 부품명을 적으시오.

2. Ⓑ의 부품명을 적으시오.

3. Ⓒ의 부품명을 적으시오.

4. Ⓓ의 부품명을 적으시오.

5. 부품 9의 규격을 적으시오.

감속기 13

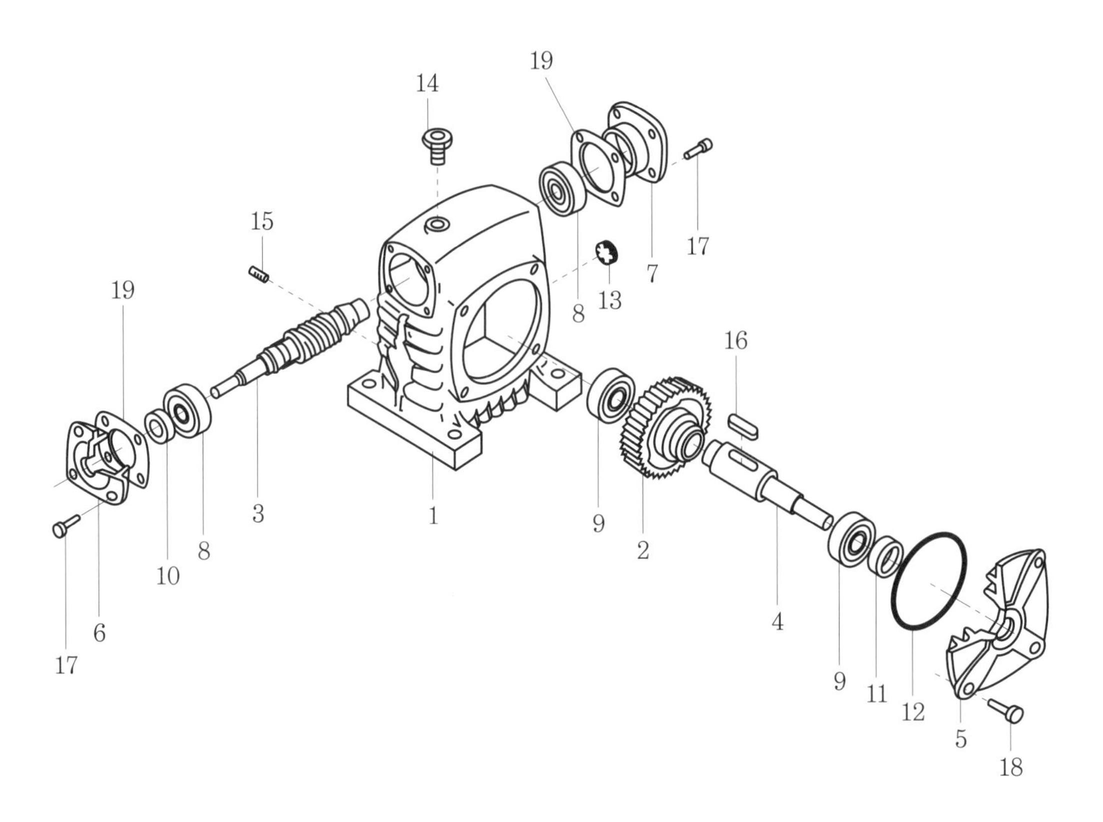

부품번호	부품명	부품번호	부품명
1	케이스(case)	11	오일 실(oil seal)
2	Ⓐ	12	O-링(O-ring)
3	Ⓑ	13	유면창(유면계)
4	종동축	14	오일 캡(에어 벤트)
5	Ⓒ	15	드레인 플러그(drain plug)
6	원동축 커버	16	Ⓓ
7	원동축 커버	17	볼트
8	베어링(bearing)	18	볼트
9	베어링(bearing)	19	개스킷(gasket)
10	오일 실(oil seal)		

[답지 3]

1. Ⓐ의 부품명을 적으시오.

____

2. Ⓑ의 부품명을 적으시오.

____

3. Ⓒ의 부품명을 적으시오.

____

4. Ⓓ의 부품명을 적으시오.

____

5. 부품 13의 용도를 적으시오.

____

감속기 14

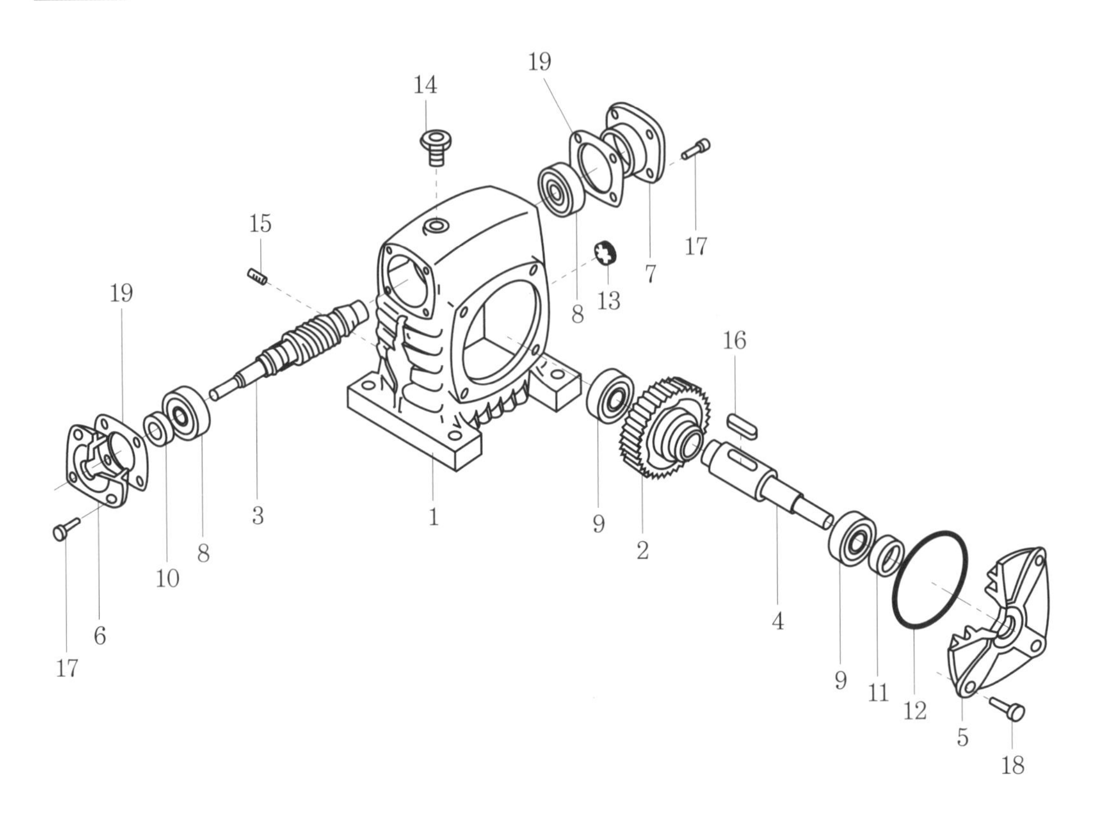

부품번호	부품명	부품번호	부품명
1	케이스(case)	11	오일 실(oil seal)
2	Ⓐ	12	O-링(O-ring)
3	Ⓑ	13	유면창(유면계)
4	종동축	14	오일 캡(에어 벤트)
5	종동축 커버	15	드레인 플러그(drain plug)
6	원동축 커버	16	Ⓒ
7	원동축 커버	17	볼트
8	베어링(bearing)	18	볼트
9	베어링(bearing)	19	Ⓓ
10	오일 실(oil seal)		

[답지 3]

1. Ⓐ의 부품명을 적으시오.

2. Ⓑ의 부품명을 적으시오.

3. Ⓒ의 부품명을 적으시오.

4. Ⓓ의 부품명을 적으시오.

5. 부품 9의 규격을 적으시오.

지필 문제 정답 및 해설

1. 1 ~ 19번의 부품명을 적으시오.

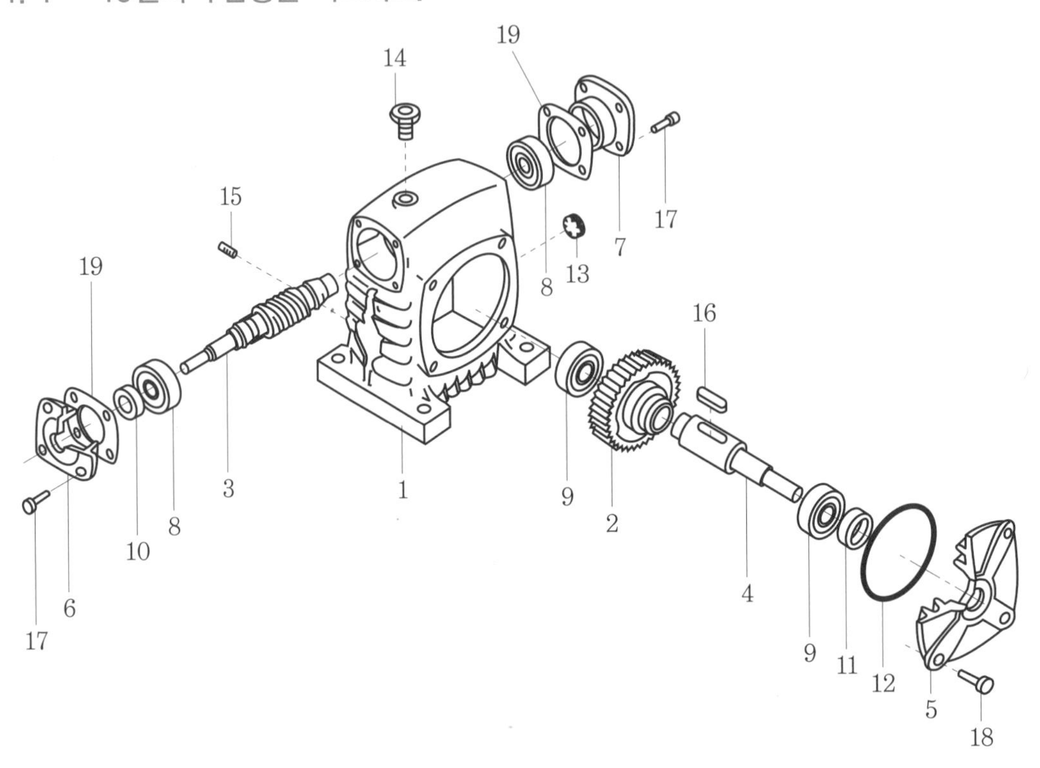

부품번호	부품명	부품번호	부품명
1	케이스(case)	11	오일 실(oil seal)
2	웜 휠(worm wheel)	12	O-링(O-ring)
3	원동축	13	유면창(유면계)
4	종동축	14	오일 캡(에어 벤트)
5	종동축 커버	15	드레인 플러그(drain plug)
6	원동축 커버	16	키(key)
7	원동축 커버	17	볼트
8	베어링(bearing)	18	볼트
9	베어링(bearing)	19	개스킷(gasket)
10	오일 실(oil seal)		

2. 8 ~ 19번의 용도 또는 규격을 적으시오.

8 : 베어링 용도 : 원동축 회전 마찰력을 감소
베어링 규격 : 단열 테이퍼 롤러 베어링 HR 30206J
(감속기의 종류에 따라 다를 수 있음)

9 : 베어링 용도 : 종동축 회전 마찰력을 감소
베어링 규격 : 단열깊은홈형 볼 베어링 6207
(감속기의 종류에 따라 다를 수 있음)

10,11 : 오일 실(oil-seal) 용도 : 기름 누출 방지 (누유 방지)

10,11의 해당하는 형식을 다음 중에서 고르시오.

형식 : ㉮ S 형 ㉯ G 형 ☑ ㉰ D 형

13 : 유면계(유면창) 용도 : 오일상태 점검

14 : 오일 캡(oil-cap) 용도 : 오일 주입구

15 : 드레인 플러그 용도 : 오일 교환 시 폐유 배출구

16 : 키(key) 용도 : 축과 보스의 고정(동력전달)
키(key) 규격 : 평행키 10×8×60 (감속기의 종류에 따라 다를 수 있음)

17 : 볼트 : 원동축 케이스에 커버를 결합
볼트 규격 : 육각 L렌치 볼트 M8×1.25(감속기의 종류에 따라 다를 수 있음)

18 : 볼트 : 종동축 케이스에 커버를 결합
볼트 규격 : 육각 L렌치 볼트 M10×1.5 (감속기의 종류에 따라 다를 수 있음)

19 : 개스킷 : 누유 방지 및 회전축 지지(고정)

3 스케치

① 스케치는 반드시 연필(B 연필이 좋다)로 자 없이 프리핸드로 작도한다.

② 작도 순서는 테두리선→배치→표제란→요목표→부품번호→중심선→외형선→치수보조선→치수선→숫자 및 문자 순으로 하는 것이 편하다.

③ 스케치도 작성 시 4개 부품 정면도의 외형선 및 중심선, 피치원선, 피치선을 1개소라도 작도하지 않은 경우 실격처리 되므로 누락되지 않도록 한다.

④ 지필식 답안지와 스케치도를 제출한다.

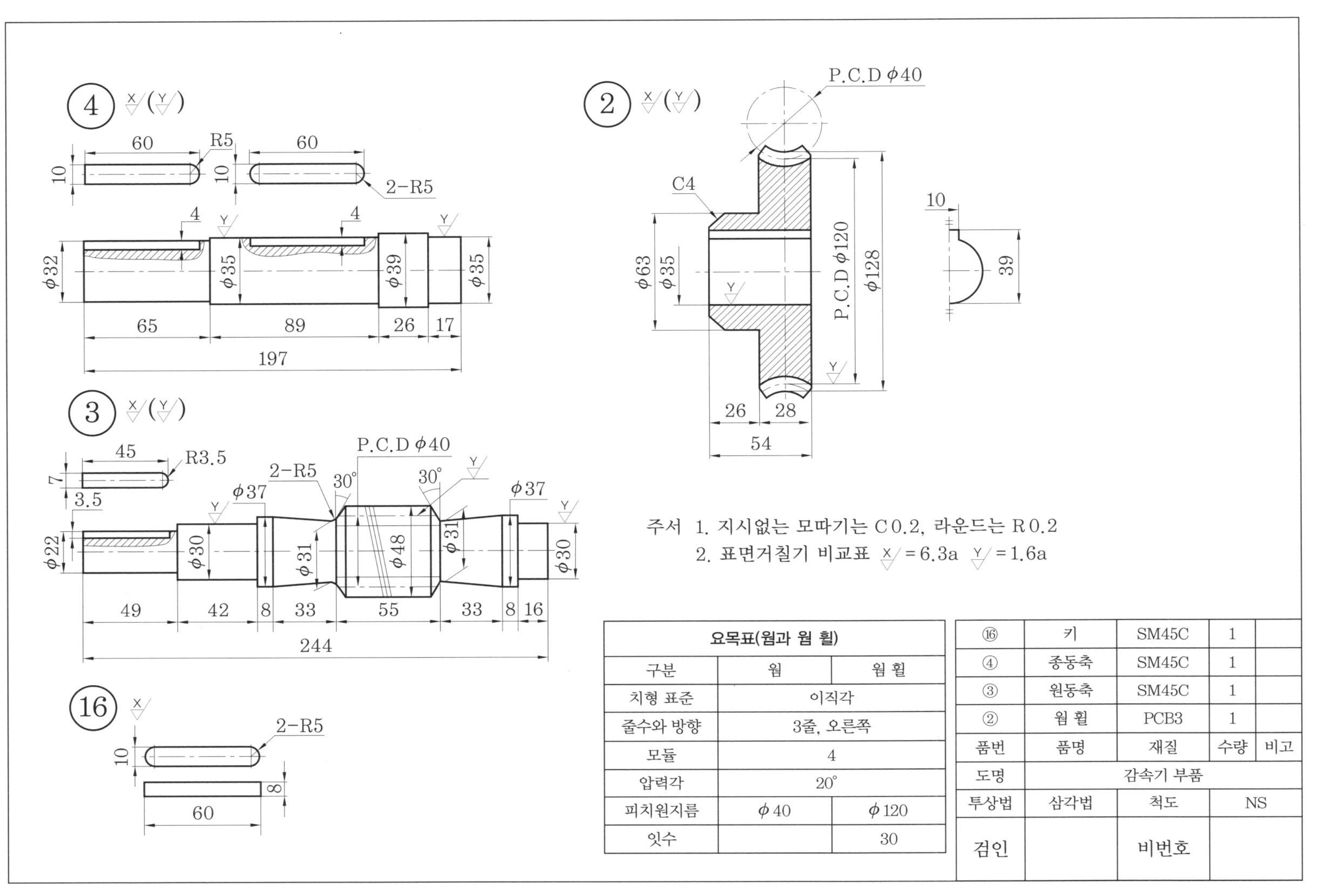

④
60
R5
10
2-R5
4
φ32
φ35
φ39
65
89
26
17
197
③
45
R3.5
7
3.5
2-R5
φ37
30°
P.C.D φ40
φ22
φ30
φ31
φ48
49
42
8
33
55
16
244
⑯
60
8
②
P.C.D φ40
C4
φ63
φ35
P.C.D φ120
φ128
26
28
54
39
주서 1. 지시없는 모따기는 C0.2, 라운드는 R0.2
2. 표면거칠기 비교표 X = 6.3a Y = 1.6a
요목표(웜과 웜 휠)
구분 | 웜 | 웜 휠
치형 표준 | 이직각
줄수와 방향 | 3줄, 오른쪽
모듈 | 4
압력각 | 20°
피치원지름 | φ40 | φ120
잇수 | | 30
⑯ | 키 | SM45C | 1
④ | 종동축 | SM45C | 1
③ | 원동축 | SM45C | 1
② | 웜 휠 | PCB3 | 1
품번 | 품명 | 재질 | 수량 | 비고
도명 | 감속기 부품
투상법 | 삼각법 | 척도 | NS
검인 | 비번호

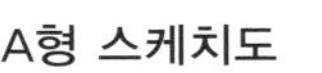
A형 스케치도

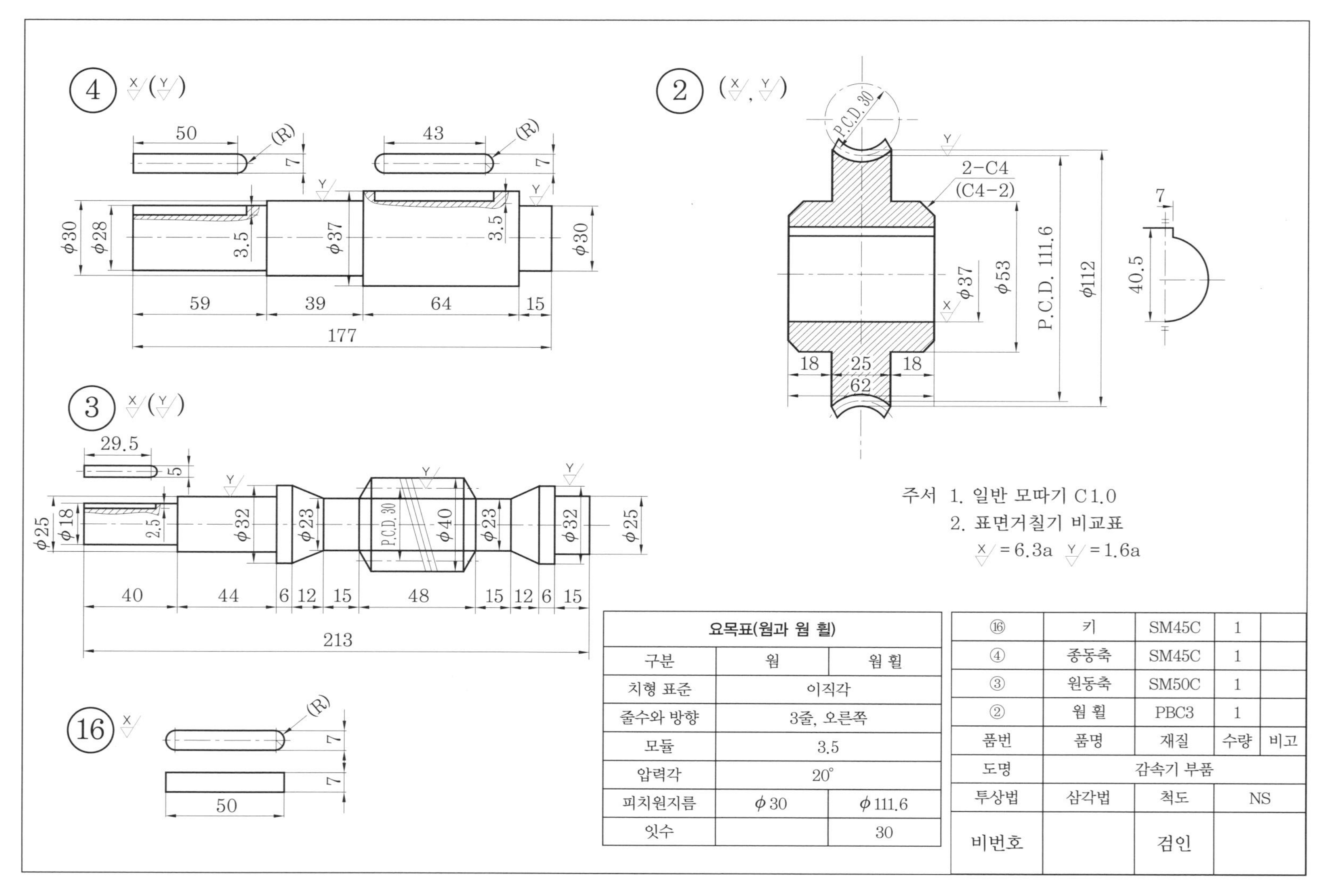

요목표(웜과 웜 휠)		
구분	웜	웜 휠
치형 표준	이직각	
줄수와 방향	3줄, 오른쪽	
모듈	3.5	
압력각	20°	
피치원지름	φ30	φ111.6
잇수		30

품번	품명	재질	수량	비고
⑯	키	SM45C	1	
④	종동축	SM45C	1	
③	원동축	SM50C	1	
②	웜 휠	PBC3	1	
도명	감속기 부품			
투상법	삼각법	척도	NS	
비번호		검인		

B형 스케치도

4 개스킷 제작

(1) 종동축 커버 개스킷 제작

① 분해된 종동축 커버를 개스킷지 위에 올려놓고 구멍의 중심점을 마킹한다.

개스킷 배치

바깥지름 측정

② 종동축 커버의 작은 바깥지름을 버니어 캘리퍼스로 측정한다.

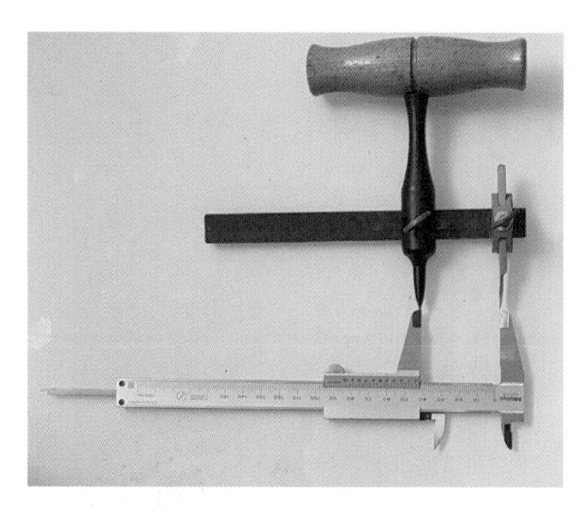

개스킷 커터 조정

③ 측정한 값을 2로 나누어 반지름을 구하고 이 값으로 개스킷 커터를 조정한다.

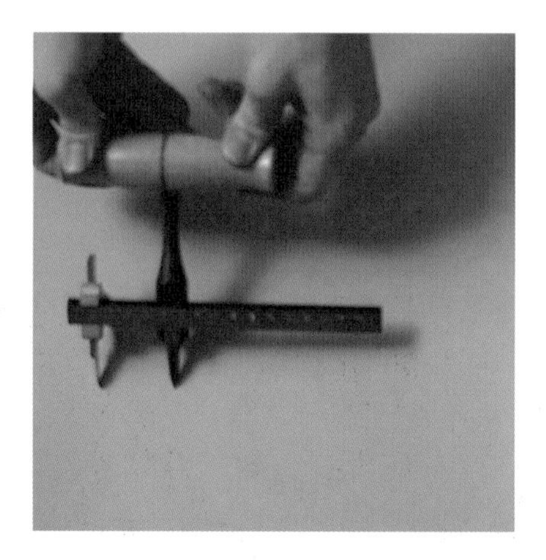

중심점

④ 개스킷 커터를 사용하여 마킹점을 중심으로 개스킷의 안쪽 지름을 잘라낸다.

커버에 조립된 개스킷

⑤ 커버를 제작된 개스킷에 삽입하고 연필로 외형을 그린다.

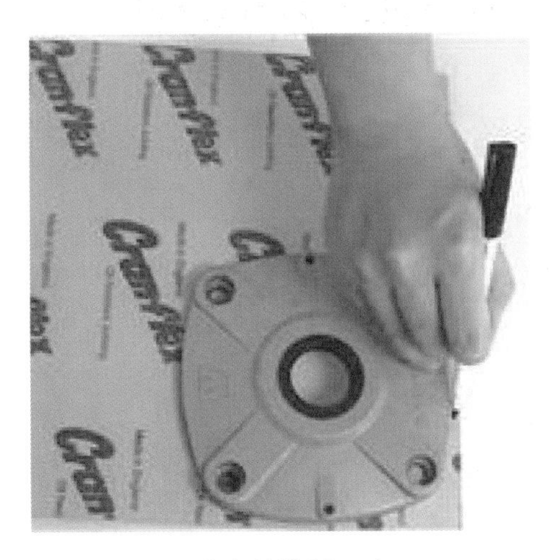

커버 외형 본뜨기

⑥ 개스킷과 커버를 분리시킨 후 볼트의 중심점을 마킹하고, 개스킷 펀치와 망치를 사용하여 볼트 구멍을 만든다.

볼트 구멍 펀치 작업

개스킷 펀치

⑦ 가위를 이용하여 커버의 외형을 잘라낸다.

커버 외형 가위 절단

완성된 개스킷

(2) 원동축 커버 개스킷 제작

① 원동축 커버 개스킷도 같은 방법으로 잘라낸다.

② 완성된 개스킷을 커버에 각각 삽입한 후 감독 위원에게 확인 받는다.

검사받을 개스킷

5 감속기 조립

(1) 축 조립

① 원동축을 베어링은 조립되지 않은 상태로 감속기에 삽입한다. 이때 원동축의 돌출부가 감속기의 왼쪽에 있도록 하여야 한다.

② 종동축을 감속기에 조립한다.

원동축 가조립

종동축 조립

③ 원동축의 베어링을 조립한다.

원동축 베어링 조립

④ 원동축의 베어링과 커버를 조립하고 볼트를 한 개씩 임시 조립한다.
⑤ 원동축을 시계방향으로 회전시켜 조립 상태의 이상 유무를 확인한다.
⑥ 이상 없으면 종동축 및 원동축 커버를 조립하고 커버 3개에 있는 각각의 볼트를 체결한다.
⑦ 감속기를 회전시켜 이상 없음을 확인 받는다.
⑧ 주변 정리를 한다.

조립 완성된 감속기

기계정비산업기사 실기

2019년 5월 20일 1판 1쇄
2023년 1월 30일 2판 1쇄

저자 : 기계정비시험연구회
펴낸이 : 이정일

펴낸곳 : 도서출판 **일진사**
www.iljinsa.com

(우)04317 서울시 용산구 효창원로 64길 6
대표전화 : 704-1616, 팩스 : 715-3536
이메일 : webmaster@iljinsa.com
등록번호 : 제1979-000009호(1979.4.2)

값 20,000원

ISBN : 978-89-429-1765-5